U0128835

高职高专"十一五"规划教材
编审委员会

高职高专"十一五"规划教材
GAOZHI GAOZHUAN "SHIYIWU" GUIHUA JIAOCAI 机电类

UG软件应用

UG Ruanjian Yingyong

主　编
张晓红　刘建潮

副主编
贺　剑　夏碧波　李　芬

教材参研人员（以姓氏笔画为序）
何立胜　陈永伟　曹建博　蒋忠文

WUHAN UNIVERSITY PRESS
武汉大学出版社

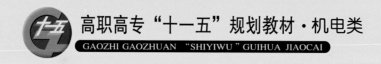

前　　言

Unigraphics（简称 UG）是由美国 UGS 公司推出的功能强大的三维 CAD/CAE/CAM 软件，是当今世界最先进的计算机辅助设计、分析和制造软件之一，其内容涵盖了产品从概念设计、工业造型设计、三维模型设计、分析计算、动态模拟与仿真、工程图输出，到生产加工的全过程，广泛应用于航空航天、汽车、造船、通用机械和电子等领域。UG5.0 是目前该软件的最新版本。

本书内容精练，通过 32 个精选实例，基本涵盖了 UG 机械零件设计中涉及的知识点，按草图绘制、线框图绘制、零件设计、曲面设计、装配体设计和工程图设计依次展开，同时对各个实例的设计思路、制作方法给出了深入浅出的剖析。项目 1~3 为草图绘制，项目 4~6 为线框图绘制，项目 7~24 为实体造型，项目 25~28 为曲面造型，项目 29~30 为装配体创建，项目 31~32 为工程图。每个项目按设计思路、操作步骤、知识链接、课后练习四个部分编写，设计思路提示模型创建的思路，操作步骤讲述详细的操作过程，知识链接介绍项目用到的部分知识点，课后练习提供课后训练的题目。

本书可作为大、中专院校机械、模具、数控等专业 CAD/CAM 课程的教材，同时也可作为从事机械产品设计工程技术人员的自学参考书。

本书由张晓红、刘建潮任主编，贺剑、夏碧波、李芬任副主编。参加本书编写工作的有：张晓红（项目 7~12、14）、李芬（项目 1~6）、蒋忠文（项目 13、项目 18~22）、曹建博（项目 23~32）、陈永伟（项目 15~17）。刘建潮、贺剑、夏碧波、何立胜参加了全书编写及书稿整理工作。全书由张晓红统稿。

在本书的研制过程中，参阅了大量的文献资料，得到了中国一航航宇救生装备有限公司宋传斌等专家的大力帮助，在此表示衷心感谢。

由于编者水平有限，加之编写时间较为仓促，书中难免有疏漏和不足之处，恳请广大读者提出宝贵意见，及时与主编联系（E-mail:xh_zhang321@163.com）。

高职高专"十一五"规划教材

《UG 软件应用》研制组

2009 年 1 月

目 录

第1章 草 图

第2章 线 框 图

第3章 三 维 造 型

第4章 曲　面

第5章 装　配

第6章 工　程　图

第1章

草 图

项目 1   草图一——吊钩

【项目要求】

创建吊钩的二维草图。图形尺寸如图 1-1 所示。

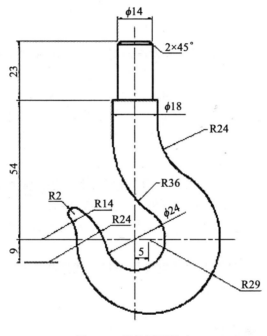

图 1-1   吊钩图形尺寸

【学习目标】

● 掌握绘制草图的基本方法及常用的草图绘制工具。

● 掌握草图约束工具的使用。

● 掌握草图的尺寸标注。

【知识重点】

直线、参考线、派生的线条、圆、圆弧、圆角、相切。

【知识难点】

圆弧连接、约束。

1.1 设计思路

(1) 创建参考对象，作为尺寸基准；

(2) 绘制已知圆及圆弧；

(3) 绘制中间圆弧进行约束；

(4) 用圆角命令绘制连接圆弧并标注尺寸。

1.2 操作步骤

1.2.1 新建文件

(1) 单击【文件】→【新建】，或者单击图标 ，出现"文件新建"对话框，选择"模型"然后在"模板"内，选择"毫米"为单位，选择"模型"为模板类型。

(2) 在新文件名中输入文件名"diaogou"，然后选择文件所放置的位置，点击【确定】按钮，即可建立文件名为"diaogou"、单位为"毫米"的文件，并进入到建模模块。

1.2.2 草图的建立

(1) 单击【特征】工具栏上的"草图"按钮 ，或选择下拉菜单【插入】→【草图】命令，系统弹出"创建草图"对话框，如图 1-2 所示。

(2) 设置【在平面上】、【现有的平面】、【水平】等参数，单击【确定】按钮，进入草图绘制模式。

(3) 单击"特征"工具栏上的【直线】按钮，或选择下拉菜单【插入】→【直线】命令，绘制如图 1-3 所示的直线。

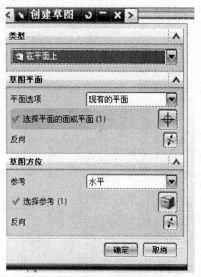

图 1-2　创建草图对话框

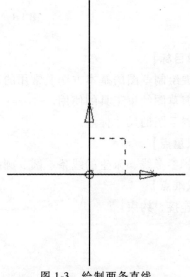

图 1-3　绘制两条直线

（4）选择【工具】→【约束】→【转换至/自参考对象】命令，或者单击草图约束上的图标按钮，系统弹出"转换至/自参考对象"对话框，如图1-4所示。选择刚刚绘制的两条直线，单击"确定"按钮，将其转化为参考对象，如图1-5所示。

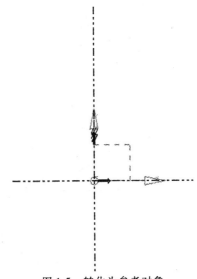

图1-4　转换至/自参考对象对话框　　　　图1-5　转化为参考对象

（5）单击"特征"工具栏上的【派生的线条】按钮，拾取水平参考线，设置距离"54"，单击左键；设置距离"23"，单击左键。选择垂直参考线，分别设置距离"7"，设置距离"9"，单击左键、中键结束，如图1-6所示。

（6）单击"特征"工具栏上的【快速修剪】按钮，拾取直线的修剪处，修剪后如图1-7所示。

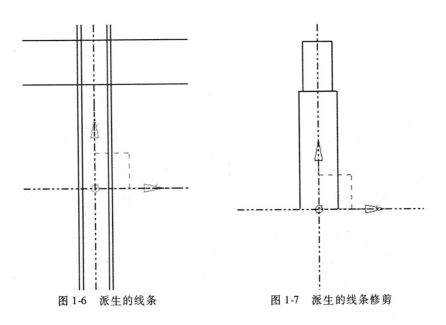

图1-6　派生的线条　　　　　　　　图1-7　派生的线条修剪

（7）单击"特征"工具栏上的【圆】按钮，绘制 φ24 和 R29 的圆，如图 1-8 所示。

（8）单击"特征"工具栏上的【圆角】按钮，作 R24 和 R36 的圆弧，如图 1-9 所示。

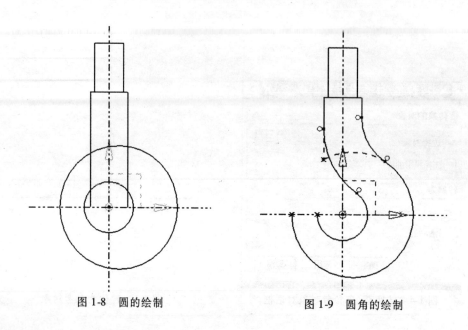

图 1-8　圆的绘制　　　　　　图 1-9　圆角的绘制

（9）单击"特征"工具栏上的【生的线条】按钮，作距离为"9"的直线，分别在直线和水平参考线上作 R24 和 R14 的圆弧，如图 1-10 所示。

（10）单击"特征"工具栏上的【约束】按钮，分别拾取连接的圆弧，在约束对话框点击【相切】按钮，如图 1-11 所示。

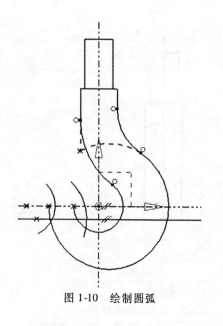

图 1-10　绘制圆弧

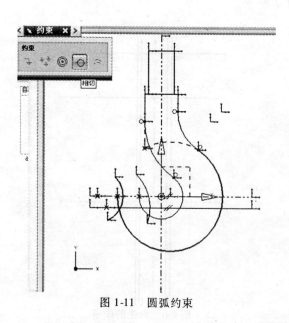

图 1-11　圆弧约束

（11）约束修剪后，如图 1-12 所示。

（12）单击"特征"工具栏上的【圆角】按钮，作 R24 和 R14 的连接圆弧 R2，如图 1-13 所示。

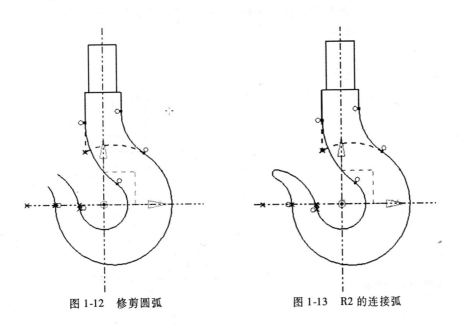

图 1-12　修剪圆弧　　　　　　　　图 1-13　R2 的连接弧

（13）单击"特征"工具栏上的"显示/移除约束"按钮 ✖，系统弹出"显示/移除约束"对话框，选中"活动草图中的所有对象"，单击【移除所列的】按钮，移除约束显示，结果如图 1-14 所示。单击【确定】按钮。

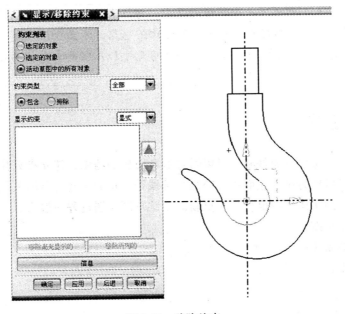

图 1-14　移除约束

（14）单击"特征"工具栏上的【尺寸标注】按钮，系统弹出"尺寸"对话框，单击"草图尺寸对话框"按钮，选中"创建参考尺寸"，如图 1-15 所示。单击【关闭】按钮。

（15）拾取标注尺寸的线段，移动鼠标至合适位置，点击左键放置尺寸，吊钩的二维草图及尺寸标注如图 1-16 所示。

图 1-15　草图尺寸对话框

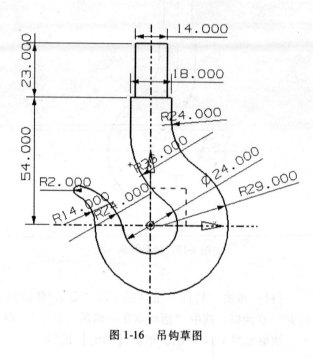

图 1-16　吊钩草图

【技巧提示】在绘制第一个草图对象时，建议大体按照真实的尺寸进行绘制，这样可以使后面绘制的图形对象有一个大致的比例感觉，不至于使添加尺寸约束时变形太大。其他只需绘制出近似的曲线轮廓，利用尺寸和几何约束来精确地控制尺寸、形状和位置。

1.3　知识链接

二维草图是三维建模的基础，可以通过对草图施加约束，建立参数化的二维轮廓，建立的草图曲线可以作为拉伸截面线、扫描引导线等，从而生成与草图关联的实体模型。修改草图时，关联的实体模型也会自动更新。二维草图绘图过程一般为：

①创建草图平面；

②绘制草图曲线；

③草图约束；

④草图操作。

1.3.1 草图平面

草图工作平面是绘制草图对象的平面，并非实体特征或曲面特征，其没有厚度，且在草图或建模空间上无限延展。

草图工作平面可以是坐标平面、基准平面、实体表面或片体表面。"创建草图"对话框中的"类型"框中提供了选择和创建草图平面的两种方法："在平面上"和"在轨迹上"。如图 1-17 所示。

● 在平面上：是指系统的默认选项，包括"草图平面"和"草图方位"两个组框，如图 1-18 所示。

图 1-17 创建草图对话框

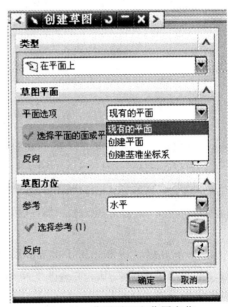

图 1-18 草图平面和草图方位

"草图平面"组框：用于设置草图绘制平面。平面选项有：现有的平面、创建平面、创建基准坐标系等。

"草图方位"组框：用于设置草图绘制平面坐标系的方向。

参考：用于设置草图绘制平面坐标系 X 轴与参考对象的关系，包括"水平"和"垂直"两种，可以单击【选择参考】按钮选取参考对象。

反向：可将草图绘制平面坐标系的 X、Y 轴同时反向。

● 在轨迹上：使用"在轨迹上"功能创建基准平面，必须指定一个路径（曲线），根据需要再指定路径的法线或矢量方向，系统根据指定的曲线或矢量方向创建基准平面。在"创建草图"对话框的"类型"组框中选择"在轨迹上"，此时"创建草图"对话框如图 1-19 所示。

"路径"组框：指定产生基准平面的有效曲线。

"平面位置"组框：用于指定草图绘制平面所通过的位置点。

"平面方位"组框：用于确定平面的方向。

图 1-19　"在轨迹上"类型参数

"草图方位"组框：用于设置草图绘制平面坐标系的方向。

草图绘制平面是用一个基准平面和两根基准轴来表示的，基准平面用方框表示，基准轴用箭头表示。

1.3.2　草图曲线绘制

草图绘制就是创建草图中的曲线和点。草图绘制过程中，不必考虑尺寸的准确性和各段曲线之间的几何关系，只需绘制出近似的曲线轮廓，利用尺寸和几何约束来精确地控制尺寸、形状和位置。

草图绘制功能集中于"草图曲线"工具栏上，如图 1-20 所示。主要包括轮廓线、直线、圆弧、圆、矩形、样条线和椭圆等。

图 1-20　草图曲线对话框

1.3.3 草图约束

草图约束相关命令主要集中在"草图约束"工具栏上，如图 1-21 所示。

图 1-21 草图约束工具栏

"草图约束"工具栏主要包括"尺寸约束"和"几何约束"两种约束类型：

尺寸约束：定义截面形状和尺寸，例如矩形尺寸包括矩形的长、宽参数。

几何约束：定义几何之间的关系，例如两条直线平行、共线、垂直、直线与圆弧相切、圆弧与圆弧相切等。

1.3.4 草图操作

草图操作主要是对已创建的草图进行编辑，或在已有特征基础上快速创建新草图。常用的草图操作命令主要集中在【草图操作】工具栏上，如图 1-22 所示。

图 1-22 草图操作工具栏

"草图操作"工具栏上提供的草图操作包括"镜像曲线"、"偏置曲线"、"编辑定义线串"、"添加现有的曲线"、"相交曲线"和"投影曲线"等。

1.3.5 创建草图要点

在草图的创建过程中要注意以下几点：

（1）每个草图要尽可能简单，可以将一个复杂草图分解为若干简单草图，这样便于约束和修改。

（2）每一个草图尽可能置于单独的层里，并且赋予合适的名称，这样便于管理。

（3）添加约束的一般次序是：先定位主要曲线至外部几何体，再按设计意图施加大量几何约束，最后施加少量尺寸约束。

（4）一般不用裁剪曲线操作方法，而是用线串方法或者用相交、点在曲线上等约束。

（5）有些草图对象的定位需要使用参考线、参考点。

1.4　课后练习

创建草图，尺寸如图 1-23 和图 1-24 所示。

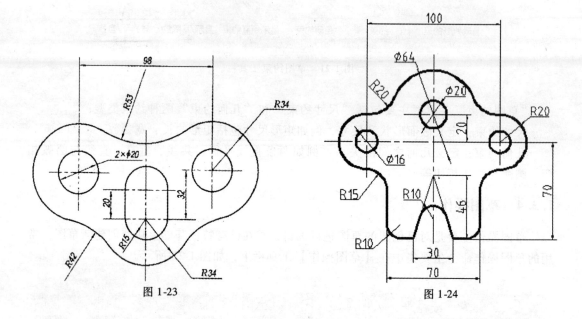

图 1-23　　　　　　　　　图 1-24

项目 2　草图二——垫板

【项目要求】

创建垫板的二维草图。图形尺寸如图 2-1 所示。

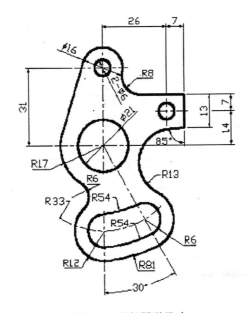

图 2-1　垫板图形尺寸

【学习目标】

● 掌握绘制草图的基本方法及常用的草图绘制工具。

● 掌握草图约束工具的使用。

● 掌握草图的尺寸标注。

【知识重点】

直线、参考线、派生的线条、圆、圆弧、圆角、相切约束。

【知识难点】

圆弧连接、约束。

2.1　设计思路

（1）创建参考对象，作为尺寸基准；

（2）绘制已知圆及圆弧、水平垂直线；

（3）绘制连接圆弧并进行约束；

（4）移除约束显示并标注尺寸。

2.2　操作步骤

2.2.1　新建文件

（1）单击【文件】→【新建】，或者单击图标，出现"文件新建"对话框，选择"模型"然后在"模板"内，选择"毫米"为单位，选择"模型"为模板类型。

（2）在新文件名中输入文件名"dianban"，然后选择文件所放置的位置，点击"确定"按钮，即可建立文件名为"dianban"、单位为"毫米"的文件，并进入到建模模块。

2.2.2　草图的建立

（1）单击【特征】工具栏上的"草图"按钮，或选择下拉菜单【插入】→【草图】命令，系统弹出"创建草图"对话框，如图 2-2 所示。

（2）设置"在平面上"、"现有的平面"、"水平"等参数，单击【确定】按钮，进入草图绘制模式。单击"特征"工具栏上的【直线】按钮，或选择下拉菜单【插入】→【直线】命令，绘制如图 2-3 所示的直线。

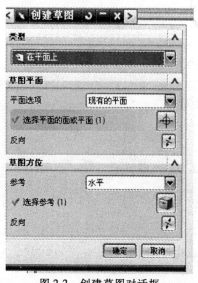

图 2-2　创建草图对话框

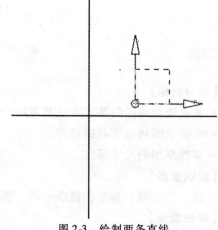

图 2-3　绘制两条直线

（3）单击"特征"工具栏上的【约束】按钮，拾取垂直线和基准轴，单击【共线】按钮，如图 2-4 所示。水平线同样操作共线约束，结果如图 2-5 所示。

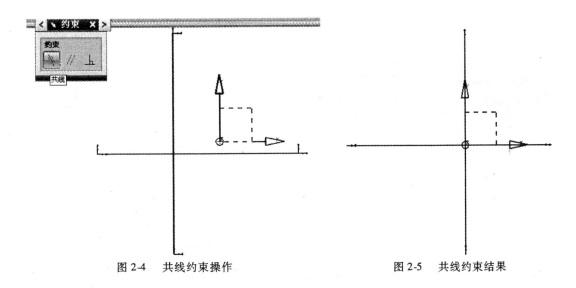

图 2-4 共线约束操作　　　　　　　　　　图 2-5 共线约束结果

（4）单击"特征"工具栏上的【直线】和【圆】按钮，绘制如图 2-6 所示的直线和圆弧。

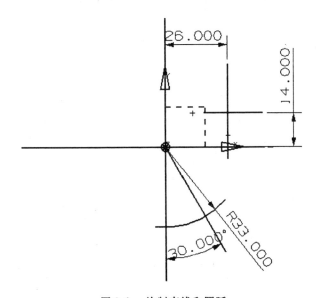

图 2-6 绘制直线和圆弧

（5）选择【工具】→【约束】→【转换至/自参考对象】命令，或者单击草图约束上的图标按钮，系统弹出"转换至/自参考对象"对话框，如图 2-7 所示。选择绘制的直线和圆弧，单击【确定】按钮，将其转化为参考对象，如图 2-8 所示。

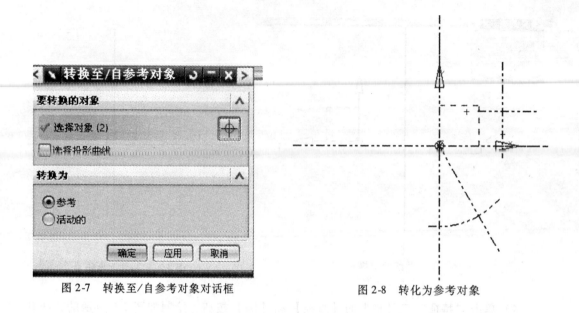

图 2-7　转换至/自参考对象对话框　　　　图 2-8　转化为参考对象

（6）单击"特征"工具栏上的【派生的线条】按钮，绘制如图 2-9 所示的直线。

（7）单击"特征"工具栏上的【圆】和【圆弧】按钮，绘制如图 2-10 所示的圆和圆弧。

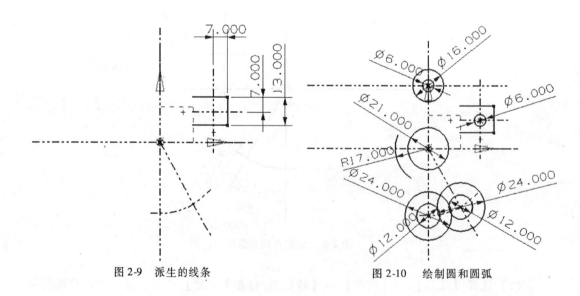

图 2-9　派生的线条　　　　图 2-10　绘制圆和圆弧

（8）单击"特征"工具栏上的【直线】按钮，作如图 2-11 所示的角度线。

（9）单击"特征"工具栏上的【圆角】按钮，绘制如图 2-12 所示的连接圆弧。

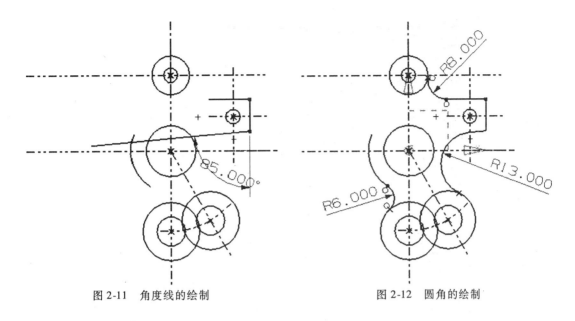

图 2-11　角度线的绘制　　　　　图 2-12　圆角的绘制

（10）单击"特征"工具栏上的【圆弧】按钮，绘制如图 2-13 所示的圆弧。

（11）单击"特征"工具栏上的【直线】按钮，绘制连接直线。单击"特征"工具栏上的【约束】按钮，分别拾取连接的圆弧及直线，在约束对话框点击【相切】按钮，如图 2-14 所示。

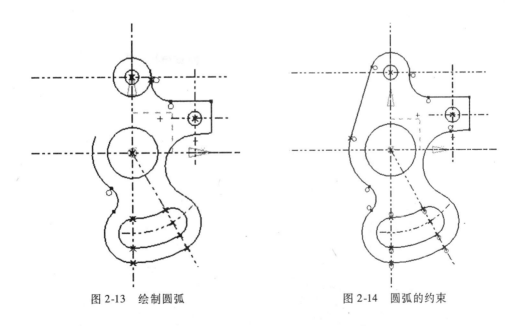

图 2-13　绘制圆弧　　　　　图 2-14　圆弧的约束

（12）单击"特征"工具栏上的【显示/移除约束】按钮 ✕，系统弹出"显示/移除约束"对话框，选中"活动草图中的所有对象"，如图 2-15 所示。单击【移除所列的】按钮，移除约束显示，单击【确定】按钮，结果如图 2-16 所示。

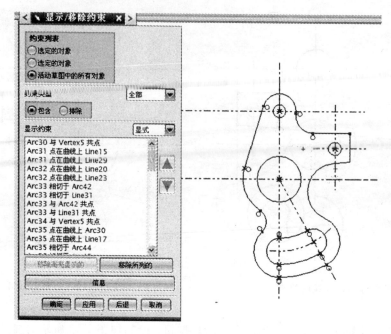

图 2-15　移除约束

（13）单击"特征"工具栏上的【尺寸标注】按钮，系统弹出"尺寸"对话框，单击【草图尺寸对话框】按钮，选中"创建参考尺寸"，如图 2-17 所示。单击【关闭】按钮。

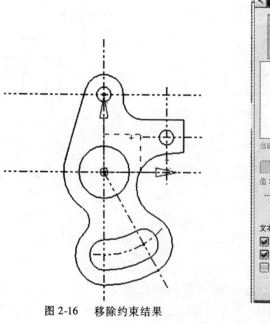

图 2-16　移除约束结果

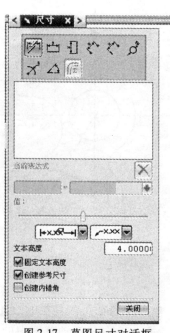

图 2-17　草图尺寸对话框

（14）拾取标注尺寸的线段，移动鼠标至合适位置，点击左键放置尺寸，垫板的二维草图及尺寸标注如图 2-18 所示。

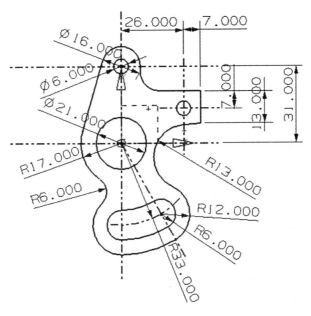

图 2-18 垫板草图

> 【技巧提示】先绘制出已知线段，利用尺寸约束修改尺寸，这样就完全确定了整个图形的位置和大小，连接线段的尺寸修改不会产生太大的变化；利用"派生的线条"工具可快速地绘制与已知直线指定距离的派生直线，提高绘图速度。

2.3 知识链接

2.3.1 几何约束

几何约束用于建立草图对象几何特性（例如直线的水平和垂直）及两个或两个以上对象间的相互关系（例如两直线垂直、平行、直线与圆弧相切等）。图素之间一旦使用几何约束，无论如何修改几何图形，其关系始终存在。

（1）约束

单击"草图约束"工具栏上的【约束】按钮，根据不同的草图对象，系统弹出"约束"对话框，可选择添加合适的约束类型，如图 2-19 所示。

在 UG NX5.0 系统中，几何约束的种类多达 20 种，下面只对常用约束进行介绍。

固定：将草图对象固定在某个位置。

重合：定义两个或多个点相互重合。

同心：定义两个或多个圆或椭圆弧的圆心相互重合。

共线：定义两条或多条直线共线。

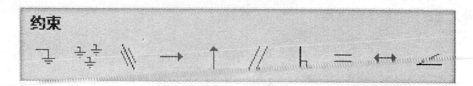

图 2-19　约束对话框

点在曲线上：定义所选取的点在某曲线上。

中点：定义点在直线的中点或圆弧的中点法线上。

水平：定义直线为水平直线（平行于工作坐标的 XC 轴）。

垂直：定义直线为垂直直线（平行于工作坐标的 YC 轴）。

平行：定义两条曲线相互平行。

垂直：定义两条曲线彼此垂直。

相切：定义选取的两个对象相切。

等长：定义选取的两条或多条曲线等长。

等半径：定义选取的两个或多个圆弧等半径。

固定长度：定义选取的曲线为固定长度。

固定角度：定义选取的直线为固定角度。

（2）自动约束

单击"草图约束"工具栏上的【自动约束】按钮，弹出"自动约束"对话框，如图 2-20 所示，选择需要创建自动约束的类型，单击【确定】按钮，系统将符合条件的几何图素自动识别为某种约束。

图 2-20　自动约束对话框

（3）显示所有约束

单击"草图约束"工具栏上的【显示所有约束】按钮，在草图中以约束符号形式显示所有曲线的约束状态。

（4）显示/移除约束

单击"草图约束"工具栏上的【显示/移除约束】按钮，弹出"显示/移除约束"对话框，如图 2-21 所示，选择需要显示/移除约束的对象，单击【移除高亮显示的】按钮，可将该约束删除。

（5）自动判断约束

单击"草图约束"工具栏上的【自动判断约束】按钮，弹出"自动判断约束"对话框，如图 2-22 所示，设置相关约束类型，系统可自动判断所绘制对象的位置并施加合适的约束。

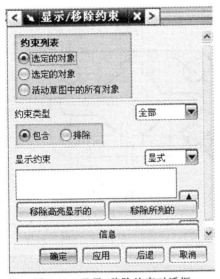

图 2-21　显示/移除约束对话框

图 2-22　自动判断约束对话框

（6）转换至/自参考对象

单击"草图约束"工具栏上的【转换至/自参考对象】按钮，弹出"转换至/自参考对象"对话框，设置"参考或活动的"类型，选择对象，单击【确定】按钮。

2.3.2　尺寸约束

建立草图尺寸的约束是限制草图几何对象的大小，即在草图上标注草图尺寸。草图尺寸约束中的值可以修改，并且尺寸可以驱动图形，绘制图形按照尺寸的变化而变化。

单击"草图约束"工具栏上的【自动判断的尺寸】按钮右侧的下三角，可显示UG NX5.0所提供的约束类型。包括水平、竖直、平行、垂直、直径、半径、角度和周长等。

- 自动判断的尺寸：根据选择对象和光标的位置自动选择尺寸约束的类型。该方式几乎涵盖所有的尺寸标注方式。
- 水平：标注水平方向（平行于草图工作平面的 XC 轴）的长度和距离值。
- 竖直：标注竖直方向（平行于草图工作平面的 YC 轴）的长度和距离值。
- 平行：标注两点之间最短距离，多用于标注斜直线的长度。

- 垂直：标注点到直线的垂直距离长度。
- 直径：标注圆或圆弧的直径。
- 半径：标注圆或圆弧的半径。
- 角度：沿顺时针方向标注两直线的角度约束。
- 周长：标注所选对象的周长。

2.4　课后练习

创建草图，尺寸如图 2-23 和图 2-24 所示。

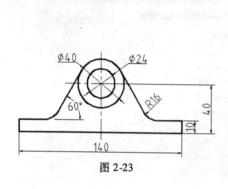

图 2-23

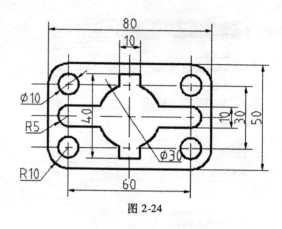

图 2-24

项目 3 草图三——底板

【项目要求】

创建底板的二维草图。图形尺寸如图 3-1 所示。

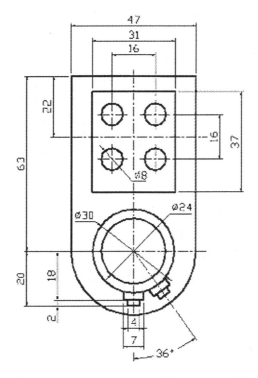

图 3-1 底板图形尺寸

【学习目标】

● 掌握绘制草图的基本方法及常用的草图绘制工具。

● 掌握草图约束工具及几何变换的使用。

● 掌握草图的尺寸标注。

【知识重点】

直线、参考线、派生的线条、圆、圆弧、圆角、相切、共线、镜像、旋转。

【知识难点】

约束、几何变换。

3.1 绘图思路

（1）创建参考对象，作为尺寸基准；

（2）绘制已知圆及矩形线框；

（3）对直线及圆弧进行约束及几何变换操作；

（4）移除约束显示并标注尺寸。

3.2 操作步骤

3.2.1 新建文件

（1）单击【文件】→【新建】，或者单击图标 ⬜，出现"文件新建"对话框，选择"模型"然后在"模板"内，选择"毫米"为单位，选择"模型"为模板类型。

（2）在新文件名中输入文件名"diban"，然后选择文件所放置的位置，点击【确定】按钮，即可建立文件名为"diban"、单位为"毫米"的文件，并进入建模模块。

3.2.2 草图的建立

（1）单击【特征】工具栏上的"草图"按钮 🔲，或选择下拉菜单【插入】→【草图】命令，系统弹出"创建草图"对话框，如图 3-2 所示。

（2）设置"在平面上"、"现有的平面"、"水平"等参数，单击【确定】按钮，进入草图绘制模式。单击"特征"工具栏上的【直线】按钮，或选择下拉菜单【插入】→【直线】命令即可，绘制如图 3-3 所示的直线。

图 3-2 创建草图对话框

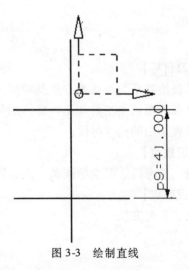

图 3-3 绘制直线

（3）单击"特征"工具栏上的【约束】按钮，拾取水平线和基准轴，单击【共线】按钮，如图3-4所示。垂直线同样操作共线约束，结果如图3-5所示。

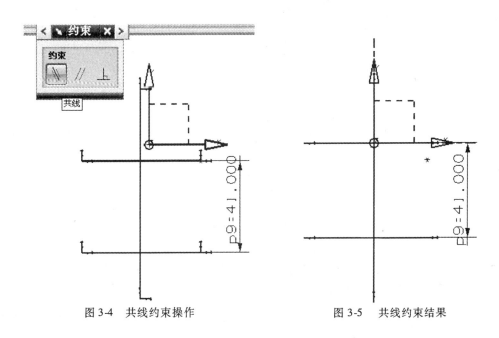

图 3-4　共线约束操作　　　　　　　　图 3-5　共线约束结果

（4）选择【工具】→【约束】→【转换至/自参考对象】命令，或者单击草图约束上的图标按钮，系统弹出"转换至/自参考对象"对话框，如图3-6所示。选择绘制的直线和圆弧，单击【确定】按钮，将其转化为参考对象，如图3-7所示。

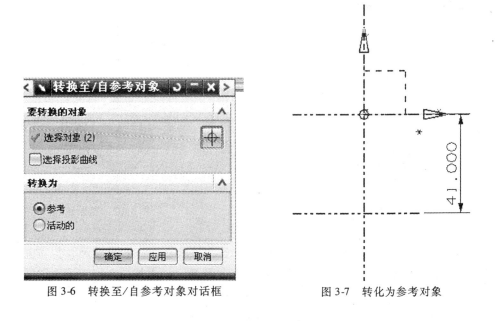

图 3-6　转换至/自参考对象对话框　　　　图 3-7　转化为参考对象

（5）单击"特征"工具栏上的【圆】按钮，绘制如图3-8所示的圆。

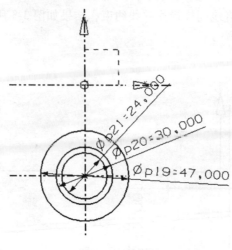

图 3-8　绘制圆

（6）单击"特征"工具栏上的【矩形】按钮，或选择下拉菜单【插入】→【矩形】
命令，绘制如图 3-9 所示的矩形。

（7）单击"特征"工具栏上的【直线】按钮，或选择下拉菜单【插入】→【直线】
命令，绘制如图 3-10 所示的线框。

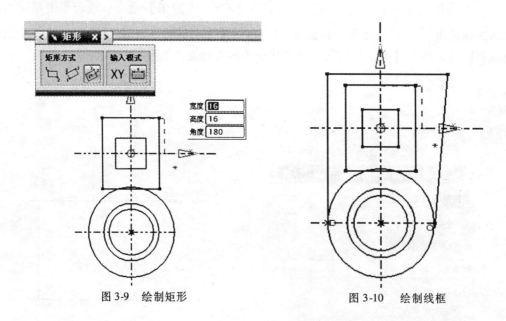

图 3-9　绘制矩形　　　　　　　　　　　图 3-10　绘制线框

（8）单击"特征"工具栏上的【约束】按钮，拾取直线，单击【竖直】按钮，如图
3-11 所示。此直线和圆作相切约束，"快速修剪"圆弧，结果如图 3-12 所示。

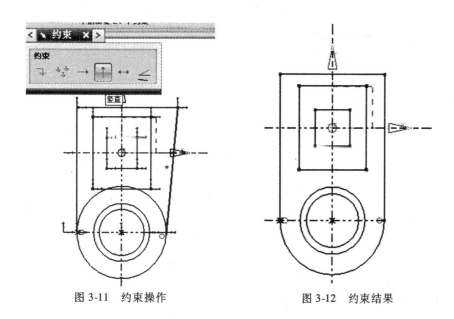

图 3-11　约束操作　　　　　　　　　图 3-12　约束结果

（9）选择【工具】→【约束】→【转换至/自参考对象】命令，或者单击草图约束上的图标按钮，将 16×16 的矩形转化为参考对象，如图 3-13 所示。

（10）单击【特征】工具栏上的"圆"按钮，绘制如图 3-14 所示的小圆。

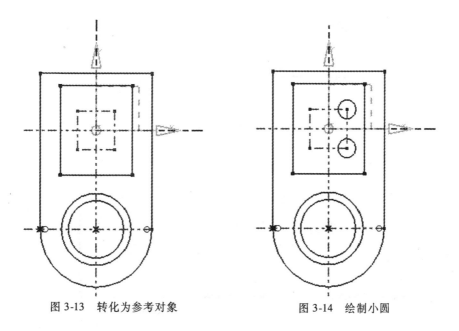

图 3-13　转化为参考对象　　　　　　图 3-14　绘制小圆

（11）拾取绘制的小圆，右键选择"变换"命令，或选择下拉菜单【编辑】→【变换】命令，系统弹出"变换"对话框，如图 3-15 所示。选择"用直线做镜像"→"现有直线"，拾取垂直参考线，在对话框中选择"复制"，如图 3-16 所示。

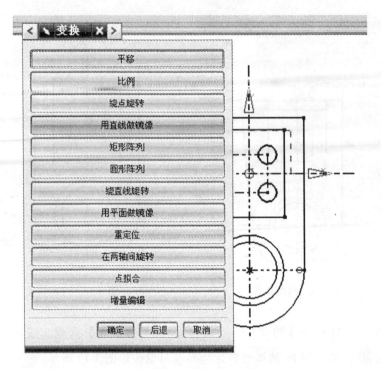

图 3-15 "变换"对话框

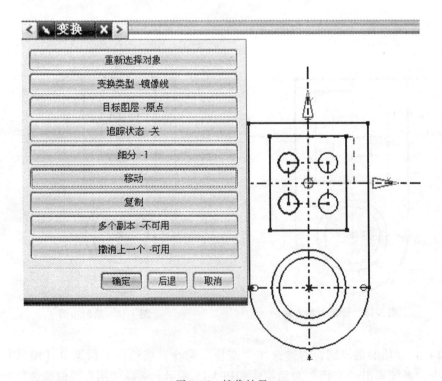

图 3-16 镜像结果

（12）单击"特征"工具栏上的【直线】按钮，或选择下拉菜单【插入】→【直线】命令，绘制如图 3-17 所示的结构。

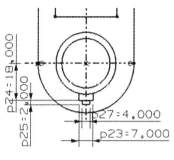

图 3-17 直线线框

（13）拾取绘制的线框，右键选择"变换"命令，或选择下拉菜单【编辑】→【变换】命令，系统弹出"变换"对话框，选择"绕点旋转"，如图 3-18 所示。拾取圆弧圆心，在对话框中输入角度"36"，如图 3-19 所示。选择"确定"，结果如图 3-20 所示。

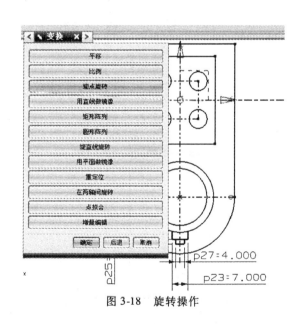

图 3-18 旋转操作

图 3-19 旋转参数

（14）单击"特征"工具栏上的【显示/移除约束】按钮，系统弹出"显示/移除约束"对话框，选中"活动草图中的所有对象"，单击【移除所列的】按钮，移除约束显示，单击【确定】按钮，结果如图 3-21 所示。

（15）单击"特征"工具栏上的【尺寸标注】按钮，系统弹出"尺寸"对话框，单击【草图尺寸对话框】按钮，选中"创建参考尺寸"，如图 3-22 所示。单击【关闭】按钮。

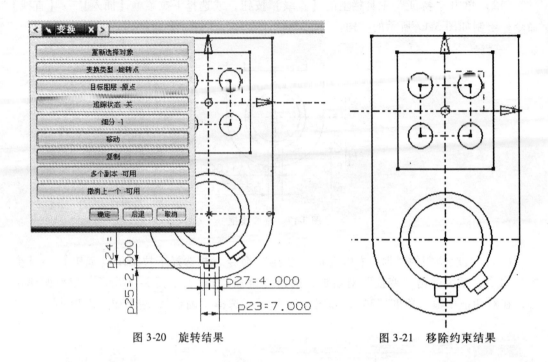

图 3-20　旋转结果　　　　　　图 3-21　移除约束结果

（16）拾取标注尺寸的线段，移动鼠标至合适位置，点击左键放置尺寸，底板的二维草图及尺寸标注如图 3-23 所示。

图 3-22　草图尺寸对话框

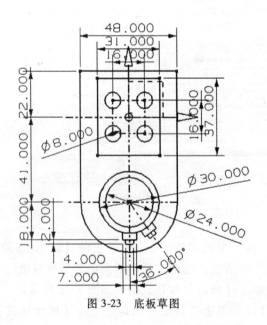

图 3-23　底板草图

【技巧提示】在曲线绘制过程中，适当应用几何变换工具可提高绘图速度，起到事半功倍的作用；圆角和倒角一般不在草图中生成，而用圆角特征或倒角特征来生成。

3.3　知识链接

草图操作主要是对创建的草图进行编辑。草图对象的操作主要包括镜像曲线、偏置曲线、添加现有的曲线、投影曲线。

3.3.1　镜像草图

镜像草图操作是将草图几何对象以一条直线为对称中心线，将所选取的对象以该直线为轴进行镜像，复制成新的草图对象。镜像复制的对象与原对象形成一个整体，并且保持相关性。草图镜像的操作步骤如下：

（1）单击"草图操作"工具栏上的【镜像】按钮，系统弹出"镜像曲线"对话框，如图 3-24 所示。

图 3-24　镜像曲线对话框

（2）单击"镜像中心线"组框中的【选择中心线】按钮，在图形区选择存在的直线作为镜像中心线。

（3）单击"镜像中心线"组框中的【要镜像的曲线】按钮，选择一个或多个要镜像的草图对象。

（4）单击"镜像曲线"对话框中的【确定】按钮，完成草图镜像操作。

3.3.2　偏置曲线

"偏置曲线"用于将草图中的投影曲线、模型和特征的边缘进行偏置。偏置曲线的操作步骤如下：

（1）单击"草图操作"工具栏上的【偏置曲线】按钮，系统弹出"偏置曲线"对话框，如图 3-25 所示。

（2）在图形区选择要偏置的曲线，同时在曲线上弹出方向箭头指向偏置方向。如果偏置方向不正确，单击"偏置"组框中的【反向】按钮。

（3）在"偏置"组框中的"距离"文本框中输入偏置距离，单击【确定】按钮，完

图 3-25　偏置曲线对话框

成曲线偏置。

3.3.3　添加现有的曲线

"添加现有的曲线"用于将已存在的曲线或点（不属于草图对象的曲线或点），添加到当前的草图中。添加现有的曲线的操作步骤如下：

（1）单击"草图操作"工具栏上的【添加现有的曲线】按钮，系统弹出"类选择"对话框，如图 3-26 所示。

图 3-26　类选择对话框

（2）在图形区中直接选取要添加的点或曲线，此时系统会自动将所选的曲线或点添加到当前的草图中，单击"类选择"对话框中的【确定】按钮，完成曲线添加。

（3）单击【完成草图】按钮，可将添加后的草图重新建立特征。

3.3.4   投影曲线

投影是指将选择的模型对象按垂直于草图平面的方向投影到草图中，生成草图对象。创建投影曲线的操作步骤如下：

（1）单击"草图操作"工具栏上的【投影曲线】按钮，系统弹出"投影曲线"对话框，如图 3-27 所示。

图 3-27   投影曲线对话框

（2）选择要投影到草图上的模型对象，单击【确定】按钮，即可完成投影操作。

3.4   课后练习

创建草图，尺寸如图 3-28 和图 3-29 所示。

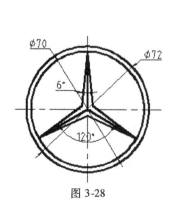

图 3-28

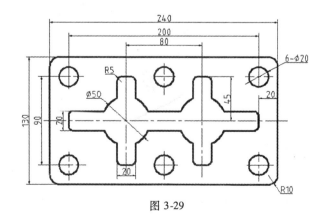

图 3-29

第2章

线框图

项目4 线 框 图 一

【项目要求】

创建线框造型。图形尺寸如图 4-1 所示。

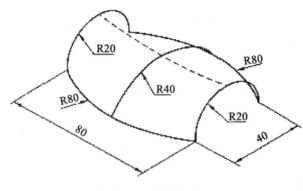

图 4-1 图形尺寸

【学习目标】

● 掌握绘制曲线的基本方法及常用的曲线绘制工具。

● 掌握坐标系的使用及坐标平面的选择。

【知识重点】

圆弧、平移、样条线、坐标系。

【知识难点】

圆弧平面。

4.1 设计思路

（1）创建圆弧；

（2）平移及圆弧连接。

4.2 操作步骤

4.2.1 新建文件

（1）单击【文件】→【新建】，或者单击图标 ，出现"文件新建"对话框，选择

"模型"然后在"模板"内，选择"毫米"为单位，选择"模型"为模板类型。

（2）在新文件名中输入文件名"XK—1"，然后选择文件所放置的位置，点击【确定】按钮，即可建立文件名为"XK—1"、单位为"毫米"的文件，并进入建模模块。

4.2.2 线框造型

（1）选择下拉菜单【插入】→【曲线】→【圆弧】命令，弹出"圆弧/圆"对话框，如图 4-2 所示。根据提示拾取坐标原点为圆心点，选择平面 YC—ZC，圆弧参数如图 4-3 所示。单击【确定】，结果如图 4-4 所示。

图 4-2 圆弧/圆对话框

（2）选择下拉菜单【编辑】→【变换】命令，出现"类选择"对话框，选择如图 4-5 所示的圆弧，单击【确定】，系统弹出"变换"对话框，如图 4-6 所示。选择"平移"→"增量"，输入增量如图 4-7 所示，在对话框中选择"复制"，结果如图 4-8 所示。

（3）选择下拉菜单【插入】→【曲线】→【圆弧】命令，弹出"圆弧"对话框（见图 4-9），选择"三点画圆弧"。根据提示拾取圆弧端点，输入半径"80"，如图 4-10

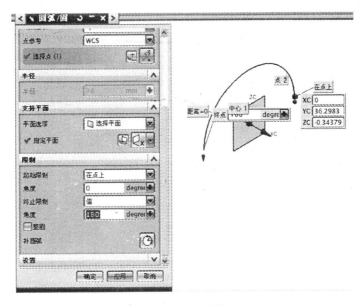

图 4-3　圆弧参数

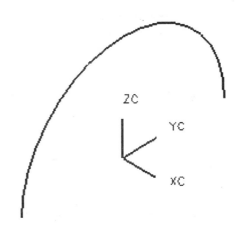

图 4-4　圆弧

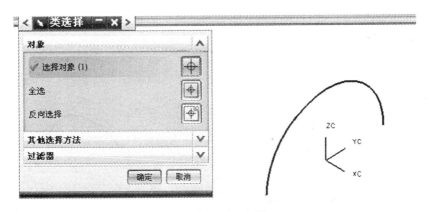

图 4-5　类选择对话框

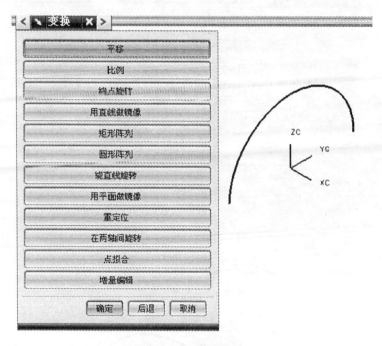

图 4-6　变换对话框

图 4-7　平移参数

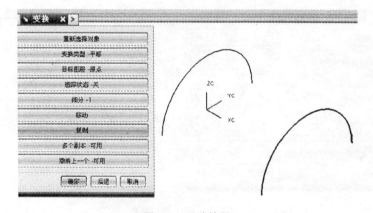

图 4-8　平移结果

所示。单击"应用";同样方法作另一端圆弧,单击【确定】,结果如图 4-11 所示。

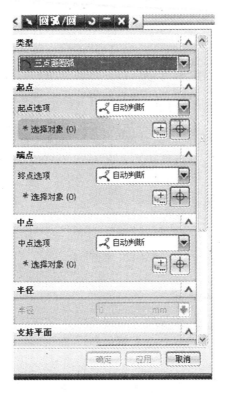

图 4-9 圆弧/圆对话框

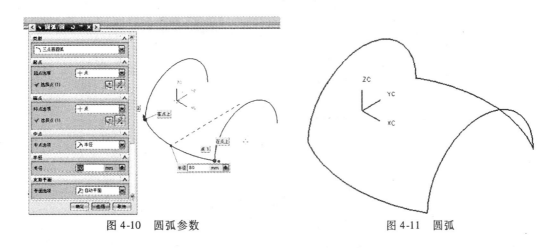

图 4-10 圆弧参数   图 4-11 圆弧

（4）选择下拉菜单【插入】→【曲线】→【圆弧】命令,弹出"圆弧"对话框,选择"三点画圆弧"。选择平面 YC—ZC,平面参数如图 4-12 所示。

（5）根据提示拾取两圆弧中点,按如图 4-13 所示的参数设置。单击【应用】,结果如图 4-14 所示。

（6）选择下拉菜单【插入】→【曲线】→【艺术样条】命令,弹出"艺术样条"对

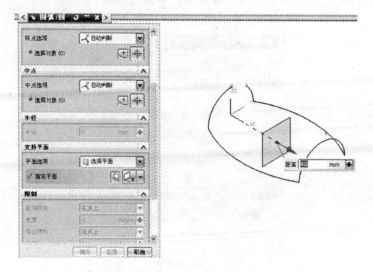

图 4-12　平面参数

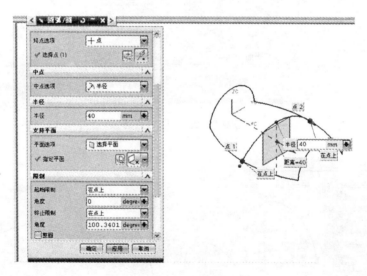

图 4-13　圆弧绘制

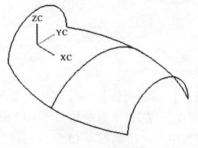

图 4-14　圆弧

话框，根据提示拾取各圆弧中心点，单击【应用】，结果如图 4-15 所示。

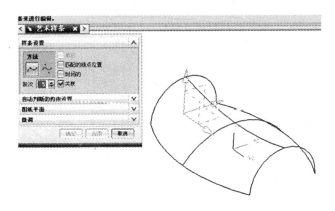

图 4-15　艺术样条线

（7）选择下拉菜单【编辑】→【对象显示】命令，出现"类选择"对话框，选择样条线，单击【确定】，"编辑对象显示"对话框的参数设置如图 4-16 所示。单击【确定】，结果如图 4-17 所示。

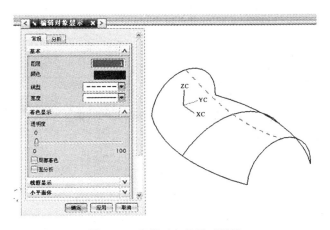

图 4-16　编辑对象显示对话框

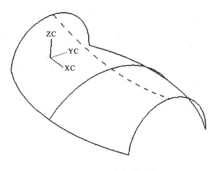

图 4-17　线框结果

4.3　知识链接

曲线是建立三维实体模型的基础，了解曲线的创建过程是非常必要的，也是为特征建模做好准备。利用曲线功能可建立点、直线、圆弧、圆、矩形、多边形、样条曲线等。

4.3.1　点和点集的绘制

1. 点的绘制

单击"曲线"工具栏上的【点】按钮，或选择下拉菜单【插入】→【基准/点】→【点】命令，系统弹出"点"对话框，如图 4-18 所示。用户可以精确地指定新点的位置，在图形区以"＋"标识。

"点"对话框给出了两种方式来创建点：通过"类型"组框中的按钮捕捉点和在窗口中间输入基点坐标值精确创建点。

（1）捕捉点方法

可在"点"对话框中选择"类型"组框中的相关方法，然后在图形区直接单击鼠标选择点，如图 4-19 所示。

图 4-18　点对话框

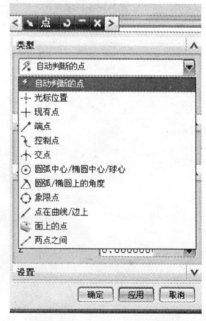

图 4-19　类型组框中的选项

"类型"组框中各选项的含义如下。

自动判断的点：根据鼠标所指的位置自动推测各种离光标最近的点。可用于选取光标位置、存在点、端点、控制点、圆弧/椭圆中心点等。它涵盖了所有点的选择方式。

光标位置：通过定位十字光标，在屏幕上任意位置创建一个点，该点位于工作平面上。

现有点：在某个存在点上创建一个点，或通过选择某个存在点指定一个新点的位置。

端点：根据鼠标选择位置，在存在的直线、圆弧、二次曲线及其他曲线的端点上指定新点的位置。

控制点：在几何对象的控制点上创建一个点。控制点与几何对象类型有关，它可以是：存在点、直线的中点和端点、开口圆弧的端点和中点、圆的中心点、二次曲线及其他曲线的端点。

交点：在两段曲线的交点上或一条曲线和一个平面的交点上创建一个点。

圆弧中心/椭圆中心/球心：在选取圆弧、椭圆、球的中心创建一个点。

圆弧/椭圆上的角度：在与坐标轴 XC 正向成一定角度（沿逆时针方向测量）的圆弧、椭圆弧上创建一个点。

象限点：在圆弧或椭圆弧的四分点处指定一个新点的位置。

点在曲线/边上：通过设置"U 参数"值在曲线或边上指定新点的位置。

面上的点：通过设置"U 参数"和"V 参数"值在曲面上指定新点的位置。

两点之间：通过选择两点，在两点的中点创建新点。

（2）输入基点坐标值

根据坐标值确定点的位置有两种方法：一种是绝对坐标值，相对于绝对坐标系原点的坐标值；另一种为工作坐标值，相对于工作坐标系原点的坐标值。

2. 点集的绘制

点集是通过一次操作生成的一系列零散点，但这些零散点不能独自生成，它们必须在曲线或曲面的基础上创建。单击"曲线"工具栏上的【点集】按钮，或选择下拉菜单【插入】→【基准/点】→【点集】命令，系统弹出"点集"对话框，如图 4-20 所示。提供了 9 种建立点集的方法。

图 4-20　点集对话框

曲线上的点：用于在曲线上创建点群。

在曲线上加点：利用一个或多个放置点向选定曲线作垂直投影，在曲线上生成点集。

曲线上的百分点：通过曲线上的百分比位置来确定一个点。

样条定义点：利用绘制样条曲线时的定义点来创建点集。

样条结点：利用样条曲线的结点来创建点集。

样条极点：利用样条曲线的控制点来创建点集。

面上的点：用于在表面产生点集。

曲面上的百分点：通过设定点在选取定表面的 U、V 方向的百分比位置来创建该表面上的点群。

面（B 曲面）极点：以表面（B 曲面）控制点的方式来创建点群。

点组合-关：用于设置产生的点群是否成组关联。只要删除关联点群中的一个点，全部的点群也会被删除。

4.3.2 基本曲线的绘制

单击"曲线"工具栏上的【基本曲线】按钮，系统弹出"基本曲线"对话框，如图 4-21 所示。基本曲线是指开头简单的直线、圆弧和圆，当用户选择不同的功能时，该对话框会显示出相应的功能界面。

图 4-21　基本曲线对话框

"基本曲线"对话框中包含了绘制直线、圆弧、圆、倒圆角、修剪曲线和编辑曲线参数的功能。

1. 直线的绘制

单击"基本曲线"对话框中的"直线"图标,"基本曲线"对话框将显示绘制直线功能,同时在主窗口弹出"跟踪条"对话框,该对话框是绘制基本曲线非常重要的辅助工具,如图 4-22 所示。

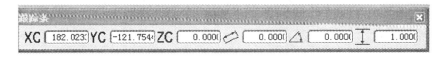

图 4-22 跟踪条对话框

创建直线的方法很多,不同的方法对应的操作步骤会有所不同。下面介绍几种常用的创建方法。

(1) 过两点创建直线

通过指定直线的两个端点创建直线,有三种方法:

任意两点创建直线:在绘图窗口的任意两点上单击鼠标左键创建一条直线。

捕捉点创建直线:选择点捕捉方式捕捉屏幕上的对象以设置直线的端点。

输入点坐标值创建直线:在"跟踪条"中直接输入起点和终点坐标创建直线。

(2) 过一点创建水平线或垂直线

在"跟踪条"的"角度增量"中输入"90"并按【Enter】键确定后,则创建水平线和垂直线。

(3) 过一点创建与坐标轴平行的直线

确定起点,单击"基本曲线"对话框中的"平行于"选项组中欲平行的坐标轴按钮,在"跟踪条"中输入长度,单击【Enter】键,即可创建一条平行于指定坐标轴的直线。

(4) 过一个点,创建与 XC 轴成角度的直线

确定起点,在"跟踪条"中输入长度和角度(从 XC 轴逆时针方向测量),单击【Enter】键,即可创建一条与 XC 轴成指定角度的直线。

(5) 创建与已知直线平行、垂直或成一定角度的直线

确定起点,选择一条参考直线(不要选取直线上的控制点),移动鼠标,根据需要在"跟踪条"中输入长度或角度,单击【Enter】键,即可创建一条与已知直线平行、垂直或成一定角度的直线。如图 4-23 所示。

(6) 过一个点创建与曲线相切或垂直的直线

确定起点,在圆弧上移动鼠标,此时系统会提示相切或垂直,移动鼠标到正确的切点或垂点方位后单击左键即可创建圆弧的切线或法线。

2. 圆弧绘制

单击"基本曲线"对话框中的"圆弧"图标,"基本曲线"对话框将显示圆弧创建选项,此时"跟踪条"对话框做出相应的变化,如图 4-24 所示。

(1) 起点、终点、圆弧上的点创建圆弧,如图 4-25 所示。

(2) 中心、起点、终点创建圆弧,如图 4-26 所示。

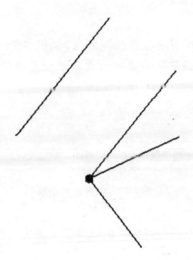

图 4-23　与已知直线平行、垂直或成一定角度的直线

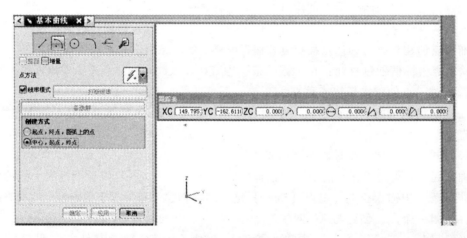

图 4-24　圆弧创建和跟踪条对话框

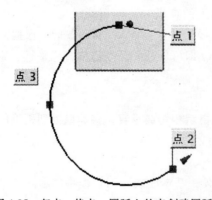

图 4-25　起点、终点、圆弧上的点创建圆弧

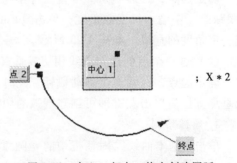

；X＊2

图 4-26　中心、起点、终点创建圆弧

3. 圆的绘制

单击"基本曲线"对话框中的【圆】图标，"基本曲线"对话框将显示圆创建选项，如图 4-27 所示。

图 4-27 基本曲线对话框

当用户创建一个圆之后，勾选"多个位置"，此时只要给定圆的圆心位置，则可创建与前一圆相同直径的多个圆。

创建圆的方法有两种：

（1）在绘图区单击鼠标将一点作为圆心，然后移动鼠标点取另一点作为圆弧上的点，即可创建圆。

（2）在"跟踪条"中直接输入圆心坐标，然后在半径或直径文本框中输入半径或直径值，即可创建圆。

4.3.3 矩形和多边形的绘制

1. 矩形的绘制

单击"曲线"工具栏上的【矩形】按钮，在弹出的"点"对话框中依次设置矩形两个对角点的坐标值，或者单击鼠标在图形区直接选取矩形的两个顶点，即可创建一个矩形。

2. 多边形的绘制

单击"曲线"工具栏上的【多边形】按钮，弹出"多边形"对话框，如图 4-28 所示。

在"多边形"对话框的"侧面数"文本框中输入创建的多边形边数，单击【确定】按钮，弹出半径定义方式对话框，如图 4-29 所示，提供了三种绘制多边形的方法。

（1）内接半径

通过设定内切圆的半径和方位角来创建正多边形。

（2）多边形边数

通过设定边长和方位角来创建正多边形。

（3）外切圆半径

图 4-28 多边形对话框

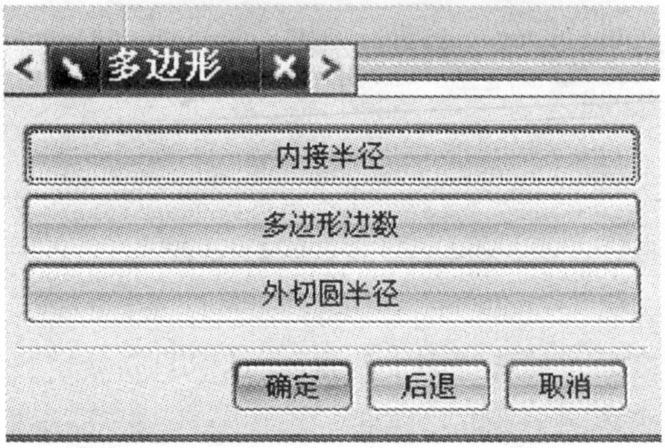

图 4-29 半径定义方式

通过设定外切圆的半径和方位角来创建正多边形。

4.4 课后练习

创建线框造型，尺寸如图 4-30 和图 4-31 所示。

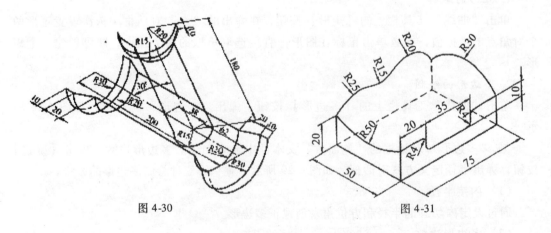

图 4-30　　　　　　　　　　　　　图 4-31

项目 5 线 框 图 二

【项目要求】

创建线框造型。图形尺寸如图 5-1 所示。

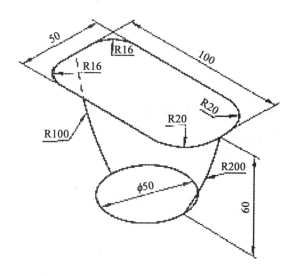

图 5-1   图形尺寸

【学习目标】

● 掌握绘制曲线的基本方法及常用的曲线绘制工具。

● 掌握坐标系的使用及坐标平面的选择。

【知识重点】

矩形、圆、圆弧。

【知识难点】

圆弧平面。

5.1   设计思路

（1）创建矩形；

（2）创建圆及圆弧连接。

5.2 操作步骤

5.2.1 新建文件

（1）单击【文件】→【新建】，或者单击图标 ⬜，出现"文件新建"对话框，选择"模型"然后在"模板"内，选择"毫米"为单位，选择"模型"为模板类型。

（2）在新文件名中输入文件名"XK—2"，然后选择文件所放置的位置，点击"确定"按钮，即可建立文件名为"XK—2"、单位为"毫米"的文件，并进入到建模模块。

5.2.2 线框造型

（1）选择下拉菜单【插入】→【曲线】→【矩形】命令，输入矩形的起点，如图5-2中所示的设置。输入终点。单击【确定】按钮，结果如图5-3所示。

图 5-2　矩形设置

（2）选择下拉菜单【插入】→【曲线】→【基本曲线】命令，出现"基本曲线"对话框，选择圆角图标，如图5-4所示，出现"曲线倒圆"对话框，选择曲线倒圆图标并在半径栏输入"16"，倒圆结果如图5-5所示。

（3）另一边曲线倒圆，在半径栏输入"20"，倒圆结果如图5-6所示。

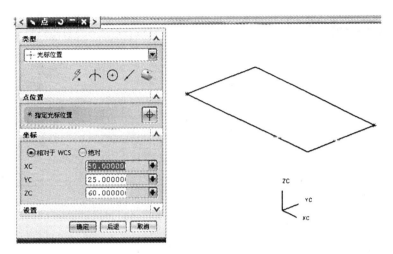

图 5-3 矩形绘制

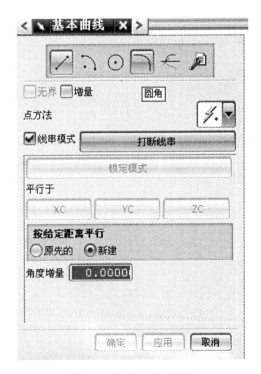

图 5-4 基本曲线对话框

（4）选择下拉菜单【插入】→【曲线】→【圆】命令，选择"圆心半径"。绘制 φ50 的圆，如图 5-7 所示。

（5）选择下拉菜单【插入】→【曲线】→【圆弧】命令，弹出"圆弧/圆"对话框，选择"三点画圆弧"，选择平面 XC—ZC，参数设置如图 5-8 所示。单击【应用】。

（6）绘制 R200 的圆弧，参数设置如图 5-9 所示。单击【应用】，结果如图 5-10 所示。

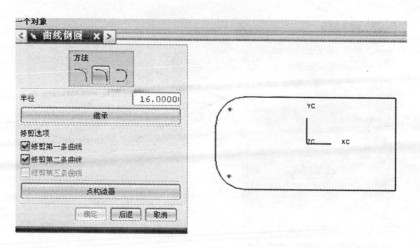

图 5-5　曲线倒圆（1）

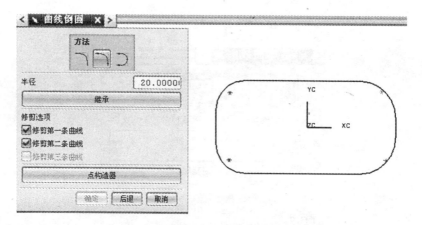

图 5-6　曲线倒圆（2）

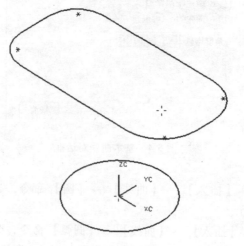

图 5-7　绘制圆

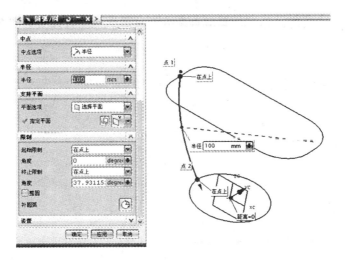

图 5-8　圆弧参数

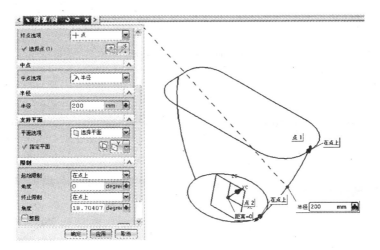

图 5-9　圆弧绘制

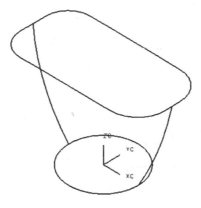

图 5-10　圆弧

（7）选择下拉菜单【编辑】→【对象显示】命令，出现"类选择"对话框，选择图
5-11 所示的圆，单击【确定】，"编辑对象显示"对话框的参数设置如图 5-12 所示，单击
【确定】。

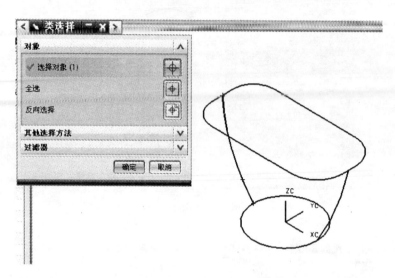

图 5-11　类选择对话框

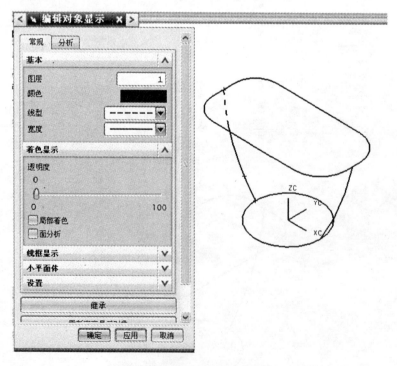

图 5-12　编辑对象显示对话框

（8）结果如图 5-13 所示。

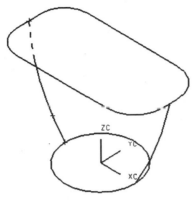

图 5-13　线框二结果

5.3　知识链接

5.3.1　样条曲线的绘制

样条曲线通过多项式曲线和所设定的点来拟合曲线。单击【曲线】工具栏上的"样条曲线"按钮，或选择下拉菜单【插入】→【曲线】→【样条】命令，系统弹出"样条"对话框，如图 5-14 所示。

在"样条"对话框中提供了 4 种生成样条曲线的方法。

1. 根据极点

该选项是通过设定样条曲线的各控制点来生成一条样条曲线。控制点的创建方法一般有两种：使用点构造器定义点和从文件中读取控制点。选择该选项后，系统弹出"根据极点生成样条"对话框，如图 5-15 所示。

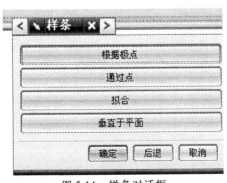

图 5-14　样条对话框

图 5-15　根据极点生成样条对话框

"根据极点生成样条"对话框各选项的含义如下。

● 曲线类型：用于设定样条曲线的类型，包括多节段和单一节段两种类型。

多段：产生样条曲线时，与对话框中的"曲线阶次"设置相关。样条曲线的极点数必须大于曲线的阶次。

单段：创建的样条曲线只有一个节段，与曲线的阶次无关。单段样条不能封闭。

● 曲线阶次：用于定义样条曲线的数学多项式的最高次幂。设置的控制点数必须大于曲线阶次，否则无法创建样条曲线。

● 封闭曲线：用于设定生成的样条曲线是否封闭。

● 文件中的点：该选项可以从已有文件中读取控制点的坐标数据，仅用于创建多段的样条曲线。

2. 通过点

该选项是通过设置样条曲线的各定义点，生成一条通过各点的样条曲线，它与"根据极点"的最大区别在于生成的样条曲线通过各个定义点。

3. 拟合

拟合也称为最小二乘法，是使用拟合方式（样条曲线上所有的点与定义点之间的距离的平方和最小）生成样条曲线。

4. 垂直于平面

该选项是以正交于平面的曲线生成样条曲线。选择该选项后，先通过【平面子功能】按钮定义起始平面，再选择起始点，接着定义下一个平面且定义建立样条曲线的方向，然后继续选择所需的平面，单击【确定】即可生成一条样条曲线。

5.3.2 椭圆的绘制

椭圆是模型设计中常用的曲线，创建的操作步骤如下。

（1）单击【曲线】工具栏上的"椭圆"按钮，或选择下拉菜单【插入】→【曲线】→【椭圆】命令，在弹出的"点"对话框中设置椭圆中心。

（2）单击【确定】，在弹出的"椭圆"对话框中设置相关参数，如图 5-16 所示。

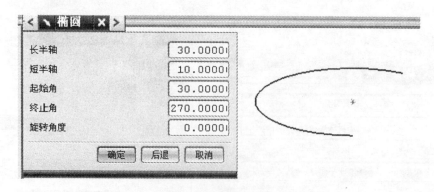

图 5-16　椭圆对话框

（3）单击【确定】即生成椭圆曲线。

5.3.3 抛物线的绘制

抛物线创建的操作步骤如下。

（1）单击【曲线】工具栏上的"抛物线"按钮，或选择下拉菜单【插入】→【曲线】→【抛物线】命令，在弹出的"点"对话框中设置抛物线的顶点，单击【确定】。

（2）在弹出的"抛物线"对话框中设置抛物线的焦距长度、最小 DY、最大 DY 和旋转角度，如图 5-17 所示。单击【确定】即生成抛物线曲线。

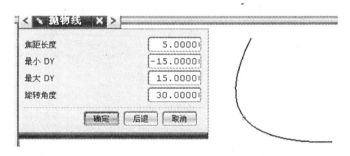

图 5-17　抛物线对话框

5.3.4 双曲线的绘制

在 UG NX5.0 中，只需指定双曲线的中心和输入相关参数即可创建一条双曲线。创建的操作步骤如下：

（1）单击"曲线"工具栏上的【双曲线】按钮，或选择下拉菜单【插入】→【曲线】→【双曲线】命令，在弹出的"点"对话框中设置双曲线的中心，单击【确定】。

（2）在弹出的"双曲线"对话框中设置抛物线的实半轴、虚半轴、最小 DY、最大 DY 和旋转角度，如图 5-18 所示。

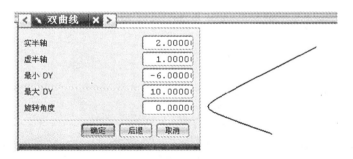

图 5-18　双曲线对话框

（3）单击【确定】即生成双曲线。

5.3.5 螺旋线的绘制

1. 创建螺旋线的操作步骤

（1）单击【曲线】工具栏上的"螺旋线"按钮，或选择下拉菜单【插入】→【曲线】→【螺旋线】命令，系统弹出"螺旋线"对话框，如图 5-19 所示。

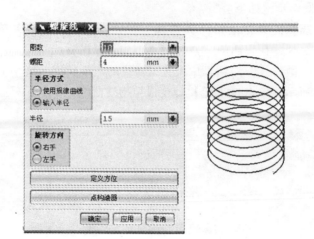

图 5-19　螺旋线对话框

（2）在"螺旋线"对话框中设置相关参数，单击【确定】按钮，即可创建一条螺旋线。

2．"螺旋线"对话框主要选项

（1）圈数：设定螺旋线的圈数，应大于 0，可以是整数，也可以是小数。

（2）螺距：设定两螺旋曲线之间的轴向距离，必须大于或等于 0。

（3）半径方式：用于设置螺旋半径按一定规律变化的方法，包括两种。

使用规律曲线：通过规律曲线来确定螺旋线的半径。

输入半径：用于设定螺旋线为一定值。

（4）旋转方向：用于设定螺旋线的旋转方向，包括右旋和左旋两种。

（5）定义方位：用于设定螺旋线的方向和起始点。

5.4　课后练习

创建线框造型，尺寸如图 5-20 和图 5-21 所示。

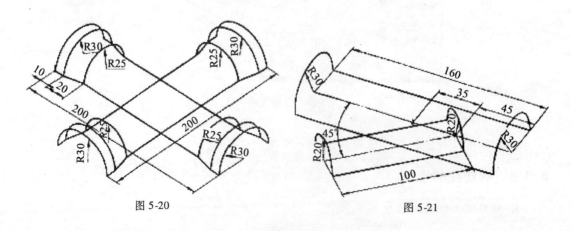

图 5-20　　　　　　　　　　　　　　　　　　图 5-21

项目 6　线框图三

【项目要求】

创建线框造型。图形尺寸如图 6-1 所示。

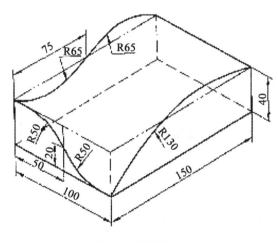

图 6-1　图形尺寸

【学习目标】

- 掌握绘制曲线的基本方法及常用的曲线绘制工具。
- 掌握坐标系的使用。

【知识重点】

矩形、平移、直线、圆弧、坐标系。

【知识难点】

坐标系变换。

6.1　设计思路

（1）创建矩形，作为基准；

（2）平移及直线连接；

（3）坐标系移动及绘制圆弧。

6.2 操作步骤

6.2.1 新建文件

（1）单击【文件】→【新建】，或者单击图标□，出现"文件新建"对话框，选择"模型"然后在"模板"内，选择"毫米"为单位，选择"模型"为模板类型。

（2）在新文件名中输入文件名"XK—3"，然后选择义件所放置的位置，单击【确定】按钮，即可建立文件名为"XK—3"、单位为"毫米"的文件，并进入到建模模块。

6.2.2 线框造型

（1）单击【特征】工具栏上的"矩形"按钮，或选择下拉菜单【插入】→【曲线】→【矩形】命令，弹出"点"对话框，如图 6-2 所示。根据提示拾取坐标原点为第一顶点，输入参数，单击【确定】，结果如图 6-3 所示。

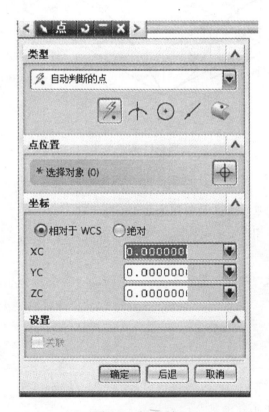

图 6-2 点对话框

（2）选择下拉菜单【编辑】→【变换】命令，出现"类选择"对话框，选择如图 6-4所示的矩形，单击【确定】，系统弹出"变换"对话框，如图 6-5 所示。选择"平移"→"增量"，输入增量如图 6-6 所示，在对话框中选择"复制"，结果如图 6-7 所示。

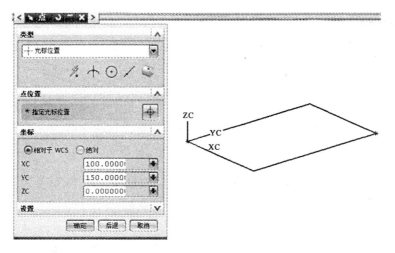

图 6-3 矩形参数

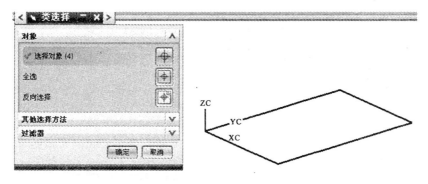

图 6-4 类选择对话框

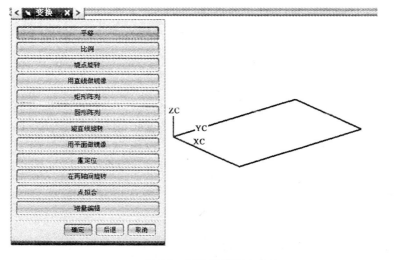

图 6-5 变换对话框

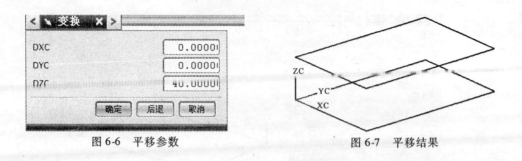

图 6-6　平移参数　　　　　　　　　图 6-7　平移结果

（3）选择下拉菜单【插入】→【直线】命令，连接矩形，如图 6-8 所示。

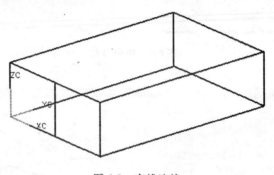

图 6-8　直线连接

（4）选择下拉菜单【插入】→【曲线】→【圆弧】命令，弹出"圆弧/圆"对话框，如图 6-9 所示参数设置。根据提示拾取端点，输入半径，单击【应用】，结果如图 6-10 所示。

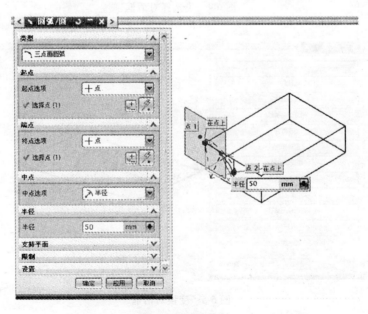

图 6-9　圆弧绘制

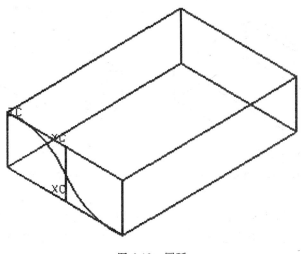

图 6-10 圆弧

（5）选择下拉菜单【插入】→【曲线】→【圆弧】命令，弹出"圆弧/圆"对话框，如图 6-11 所示参数设置。选择平面 YC—ZC，根据提示拾取端点，输入半径，单击【应用】，结果如图 6-12 所示。

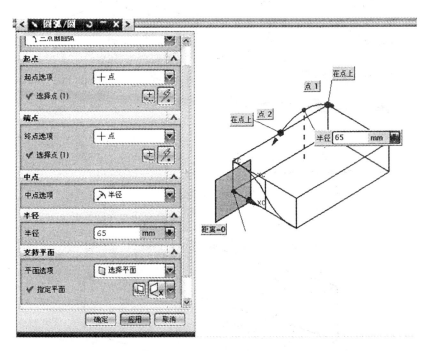

图 6-11 圆弧绘制

（6）选择下拉菜单【格式】→【WCS】→【原点】命令，拾取点移动坐标系，如图 6-13 所示。

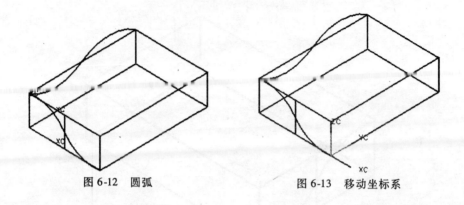

图 6-12　圆弧　　　　　　　　　　　图 6-13　移动坐标系

（7）选择下拉菜单【插入】→【曲线】→【圆弧】命令，弹出"圆弧/圆"对话框，如图 6-14 所示参数设置。拾取端点，输入半径，单击【确定】，结果如图 6-15 所示。

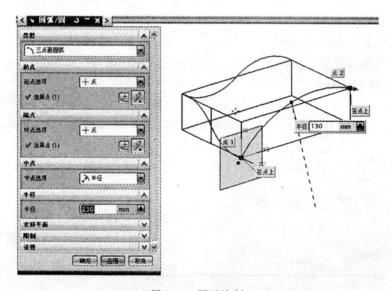

图 6-14　圆弧绘制

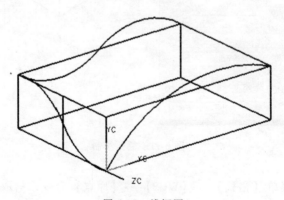

图 6-15　线框图

（8）选择下拉菜单【编辑】→【对象显示】命令，出现"类选择"对话框，选择如图 6-16 所示的线，单击【确定】，"编辑对象显示"对话框的参数设置如图 6-16 所示，单击【应用】；选择图 6-17 所示的线，设置参数，单击【确定】。

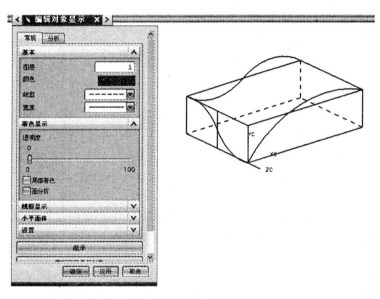

图 6-16 编辑对象显示对话框（1）

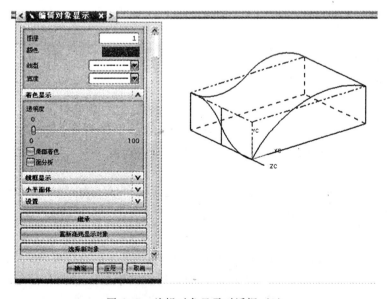

图 6-17 编辑对象显示对话框（2）

（9）隐藏直线，结果如图 6-18 所示。

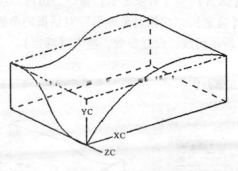

图 6-18　线框造型

6.3　知识链接

生成的曲线可通过编辑功能进行修改和完善，单击【编辑曲线】工具栏上的相关按钮，如图 6-19 所示，或选择下拉菜单【编辑】→【曲线】菜单下的相关命令，即可进入曲线编辑功能。

图 6-19　编辑曲线工具栏

6.3.1　"编辑曲线"对话框

单击"编辑曲线"工具栏上的【编辑曲线】按钮，或选择下拉菜单【编辑】→【曲线】→【全部】命令，弹出"编辑曲线"对话框，如图 6-20 所示。在"编辑曲线"对话框中，用户可进行 8 种曲线的编辑操作。编辑操作的具体内容将在后面介绍，本节简单介绍对话框中的公用参数。

点方法：用于设置捕捉点的方式。

编辑圆弧/圆，通过：用于设置编辑圆弧或圆的方式，它包括两个选项：参数和拖动。

补圆弧：用于生成已有圆弧的补弧。

显示原先的样条：在样条编辑过程中显示原先的样条，以便与新的样条曲线作比较。

编辑关联曲线：用于设置编辑关联曲线后，曲线间的相关性是否存在。选择"根据参数"，原来的相关性仍然会存在。选择"按原先的"，将打断曲线和它原有定义数据之间的关联性。

圆弧长修剪方式：用于设置修剪弧长的方式，包括"全部"和"增量"两种。

圆弧长：用于输入改变曲线的弧长值。

更新：恢复前一次的编辑操作。

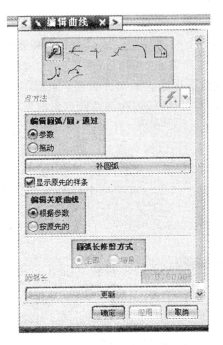

图 6-20 编辑曲线对话框

6.3.2 编辑曲线参数

单击【编辑曲线】工具栏上的"编辑曲线参数"按钮,或选择下拉菜单【编辑】→
【曲线】→【参数】命令,弹出"编辑曲线参数"对话框,如图 6-21 所示。在"编辑曲
线参数"对话框中设置完相关选项后,单击要编辑的对象,即可进行曲线参数的编辑。

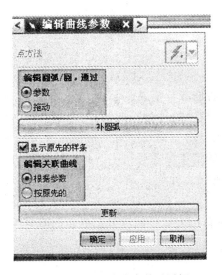

图 6-21 编辑曲线参数对话框

6.3.3 修剪曲线

单击【编辑曲线】工具栏上的"修剪曲线"按钮，或选择下拉菜单【编辑】→【曲线】→【修剪】命令，弹出"修剪曲线"对话框，如图 6-22 所示。利用"修剪曲线"对话框可以通过边界对象（曲线、边缘、平面、表面、点或屏幕位置）等调整曲线的端点，也可延长或修剪直线、圆弧、二次曲线或样条曲线等，但不能修剪体、片体或实体。

修剪曲线的操作步骤如下：

（1）选择所要修剪的曲线，用鼠标点选曲线上需要剪掉的部分。

（2）选择第一个修剪边界。

（3）选择第二个修剪边界。如果没有第二个修剪边界，可直接单击对话框上的【应用】按钮，完成曲线修剪。

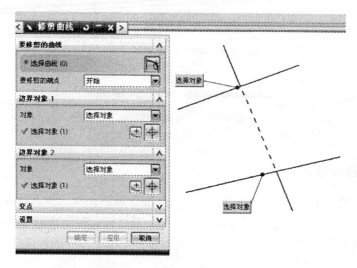

图 6-22 修剪曲线对话框

6.3.4 分割曲线

"分割曲线"功能用于将曲线分割成多个节段，各节段成为独立的曲线。

单击"编辑曲线"工具栏上的【分割曲线】按钮，或选择下拉菜单【编辑】→【曲线】→【分割】命令，弹出"分割曲线"对话框，如图 6-23 所示。

"分割曲线"对话框中的"类型"提供了 5 种曲线分割的方式："等分段"、"按边界对象"、"圆弧长段数"、"在结点处"和"在拐角上"等。下面分别予以介绍。

1. 等分段

该选项是以等长或等参数的方法将曲线分割成相同的节段。等分方法主要有两种：等参数和等圆弧长。

2. 按边界对象分段

该选项是以边界对象来分割曲线。操作步骤：选择要分割的曲线，然后选择边界对象（点、直线和平面或表面），单击【确定】按钮。

图 6-23　分割曲线对话框

3. 圆弧长段数

该选项是通过分别定义各节段的弧长来分割曲线。

4. 在结点处

该选项用于在曲线的定义点处将曲线分割成多个节段，它只适用于分割样条曲线。

5. 在拐角上

该选项用于在拐角点分割样条曲线（拐角点是样条曲线节段的结束点方向和下一节段开始方向不同而产生的点）。

6.3.5　倒圆角

在"基本曲线"对话框中，单击【圆角】按钮，弹出"曲线倒圆"对话框，如图 6-24 所示。

图 6-24　曲线倒圆对话框

"曲线倒圆"对话框相关选项的含义如下。

方法：曲线倒圆共提供了三种倒圆角方式：简单倒圆、两曲线倒圆和三曲线倒圆。

半径：用于设置倒圆角的半径值。

继承：用于继承已有的圆角半径值。选择该选项后，系统会提示用户选取存在的圆角，选定后系统会将选定圆角的半径值显示在对话框的"半径"文本框中。

修剪第一条曲线：选择该选项，倒圆角时系统将修剪选择的第一条曲线。

删除第二条曲线：选择该选项，倒圆角时系统将删除选择的第二条曲线。

修剪第三条曲线：只有选择"三曲线倒圆"时，该复选框才会被激活。选择该选项，倒圆角时系统将修剪选择的第三条曲线。

1. 简单倒圆

仅用于在两共面但不平行的直线间倒圆角。单击"简单圆角"按钮，输入圆角半径，将鼠标移至欲倒圆角的两条直线的交点处，单击鼠标左键即可，如图 6-25 所示。

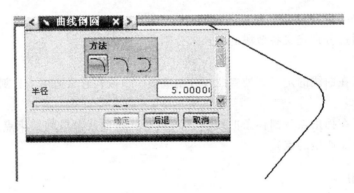

图 6-25　简单倒圆绘制

2. 两曲线倒圆角

单击"两曲线倒圆角"按钮，输入圆角半径，然后设置修剪选项。依次选择第一、第二条曲线，在相交线的四个象限中单击鼠标设定圆心的大致位置即可。选择的位置不同，生成的倒圆角方式也不同，如图 6-26 所示。

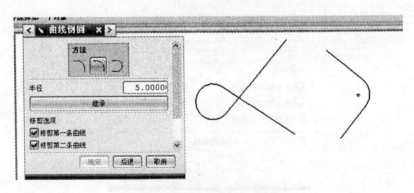

图 6-26　两曲线倒圆绘制

3. 三曲线倒圆角

单击"三曲线倒圆角"按钮，设置修剪选项。依次选择第一、第二和第三条曲线，再单击鼠标设定圆心的大致位置即可，如图 6-27 所示。

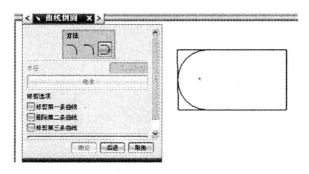

图 6-27 两曲线倒圆绘制

6.4 课后练习

创建线框造型，尺寸如图 6-28 和图 6-29 所示。

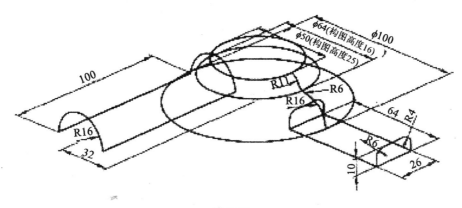

图 6-28

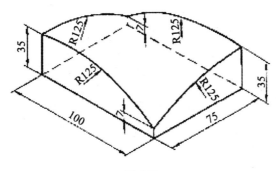

图 6-29

第3章

三维造型

项目 7 盖 板 造 型

【项目要求】

创建盖板模型。图形尺寸如图 7-1 所示，最终效果如图 7-2 所示。

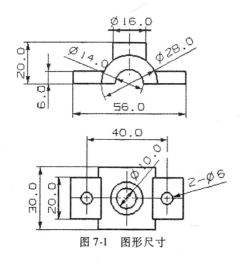

图 7-1 图形尺寸

图 7-2 最终效果

【学习目标】

● 掌握常用的草图绘制工具。

● 掌握实体建模中孔工具的用法。

● 掌握基准平面建立的方法。

【知识重点】

草图、基准面、孔操作选项。

【知识难点】

孔的创建方法。

7.1 设计思路

设计思路如图 7-3 所示。

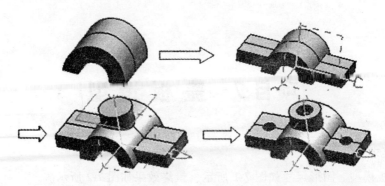

图 7-3　设计思路

7.2　操作步骤

7.2.1　新建文件

（1）单击【文件】→【新建】，或者单击图标▯，出现"文件新建"对话框，选择"模型"然后在"模板"内，选择"毫米"为单位，选择"模型"为模板类型。

（2）在新文件名中输入文件名"gaiban"，然后选择文件所放置的位置，点击【确定】按钮，即可建立文件名为"gaiban.prt"、单位为"毫米"的文件，并进入到建模模块。

7.2.2　模型的建立

（1）绘制半圆草图。单击【插入】→【草图】→【长方体】，或单击图标▨，系统弹出如图 7-4 所示的【创建草图】对话框。然后单击【确定】。绘制的草图如图 7-5 所示，单击【完成草图】按钮▨ 完成草图，返回建模模式。

图 7-4　创建草图

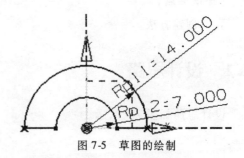

图 7-5　草图的绘制

（2）建立拉伸体。单击【插入】→【设计特征】→【拉伸】，或者单击图标▣，弹出"拉伸"对话框，如图 7-6 所示，设置拉伸参数：起始值 − 15，结束值为 15，单击"确定"按钮，则拉伸体已被建立，如图 7-7 所示。

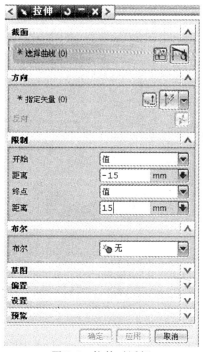

图 7-6　拉伸对话框

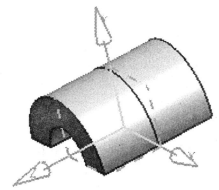

图 7-7　半圆拉伸体

（3）绘制草图。单击【插入】→【草图】→【长方体】，或单击图标▣，系统弹出如图 7-8 所示的"创建草图"对话框。然后单击【确定】。绘制的草图如图 7-9 所示，单击【完成草图】按钮▧ 完成草图，返回建模模式。

（4）建立拉伸体。单击【插入】→【设计特征】→【拉伸】，或者单击图标▣，弹出"拉伸"对话框，设置拉伸参数：起始值 − 10，结束值为 10，布尔运算为求和，单击【确定】按钮，则拉伸体已被建立，如图 7-9 所示。

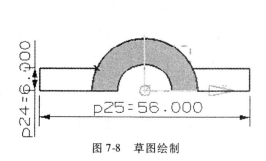

图 7-8　草图绘制

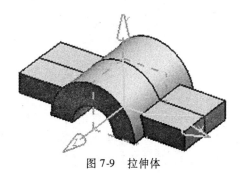

图 7-9　拉伸体

（5）建立基准平面。单击【插入】→【基准/点】→【基准平面】，或单击图标▢，系统弹出如图 7-10 所示的"基准平面"对话框，选择所示的坐标两个平面，距离值输入"20"，然后单击【确定】按钮，则基准平面已被建立如图 7-11 所示。

图 7-10　基准平面对话框

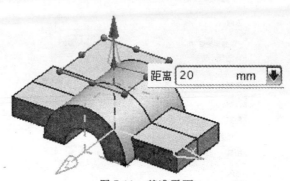

图 7-11　基准平面

（6）绘制圆草图。单击【插入】→【草图】，或单击图标▦，系统弹出"创建草图"对话框，选择刚建的基准平面，单击"确定"。绘制如图 7-12 所示的草图，单击【完成草图】按钮 ✕ 完成草图 返回建模模式。

（7）建立拉伸体。单击【插入】→【设计特征】→【拉伸】，或者单击图标▥，弹出"拉伸"对话框，设置拉伸参数：起始值 0，结束值设为"直至选定对象"，选择第一次拉伸体的圆柱面，布尔运算为求和，单击"确定"按钮，拉伸体已被建立，如图 7-13所示。

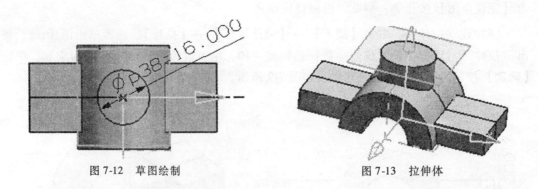

图 7-12　草图绘制

图 7-13　拉伸体

（8）建立孔特征。单击【插入】→【设计特征】→【孔】，或单击图标◪，系统弹出"孔"对话框，选择"简单孔"，直径设为"6"，深度设为"10"，如图 7-14 所示。选择如图 7-15 所示的孔放置平面。单击【确定】。在孔定位对话框中选择"点到点"方式，如图 7-16 所示。出现"点到点"对话框，选择如图 7-17 所示的圆。出现"设置圆弧的位置"对话框如图7-18所示，选择"圆弧中心"，孔建好。

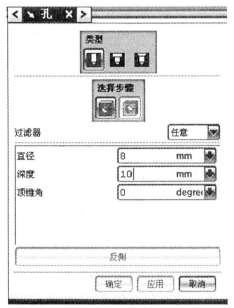

图7-14 孔对话框

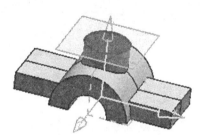

图7-15 孔放置平面

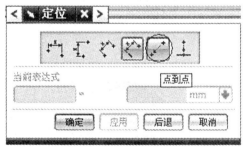

图7-16 孔定位对话框

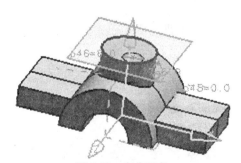

图7-17 定位对象

（9）建立两侧孔特征。单击【插入】→【设计特征】→【孔】，或单击图标 ，系统弹出"孔"对话框，选择"简单孔"，直径和深度都设为"6"。选择如图7-19所示的

图7-18 设置圆弧的位置对话框

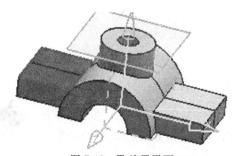

图7-19 孔放置平面

孔放置平面。单击"确定"。在孔定位对话框单击对话框中的"垂直"按钮 选择垂直定位方式。系统提示用户选择定位的目标对象。选择如图 7-20 所示的边作为定位对象，并在对话框中设置定位参数"8"，单击【应用】按钮。同样单击【垂直】按钮，选择如图 7-21 所示的边作为定位对象，并在对话框中设置定位参数"10"，单击【确定】按钮，则孔已被完全定位。同样的步骤创建右侧的孔。完成结果如图 7-22 所示。

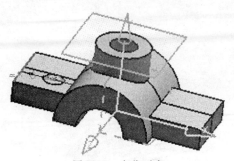

图 7-20　定位对象

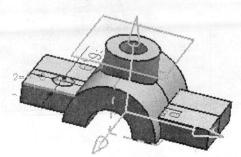

图 7-21　定位对象

　　（10）隐藏参考。单击【编辑】→【显示和隐藏】→【隐藏】，或者单击图标 ，弹出"类选择"对话框，选择"类型过滤器"系统弹出类型选择对话框，选择"草图"和"基准"，单击【确定】按钮，返回"类选择"对话框。选择对象中的"全选"，单击【确定】按钮。则所有参考被隐藏，模型完成，如图 7-23 所示。

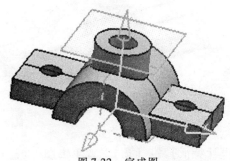

图 7-22　完成图

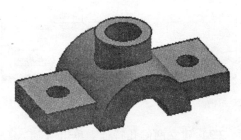

图 7-23　最终效果

7.3　知识链接

7.3.1　实体建模概述

　　实体建模是 UG NX 的核心模块，包括特征建模、特征操作、特征编辑等功能。与实体建模功能相关的工具条有"成型特征"工具条如图 7-24 所示，"特征操作"工具条如图 7-25 所示以及"编辑特征"工具条如图 7-26 所示。"成型特征"工具条用于创建基本体素、扫描特征、参考特征、成型特征等。"特征操作"工具条用于边倒圆、面倒圆、软倒圆、抽壳、螺纹、修剪体、镜像体以及布尔操作等。"编辑特征"工具条用于编辑特征参数、编辑特征定位尺寸等。

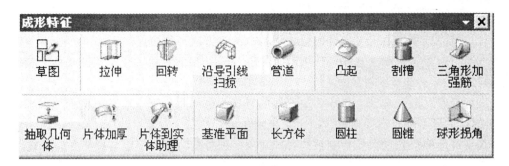

图 7-24 成型特征工具条

图 7-25 特征操作工具条

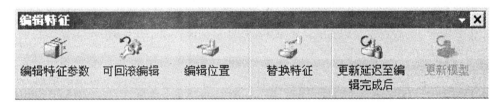

图 7-26 编辑特征工具条

扫描特征包括拉伸特征、旋转特征和沿导引线扫掠特征，它们常用做实体特征建模的第 1 个特征，利用这些特征可以创建外形复杂的实体模型。

7.3.2 拉伸

拉伸是通过在一指定的方向扫描截面线串一线性距离建立模型。它适合创建规则实体或片体。

选择【插入】→【设计特征】→【拉伸】，或者单击图标🔲，系统弹出"拉伸"对话框。对话框中主要有以下功能选项：

（1）截面：有"草图截面"🔲和"曲线"🔲选项。选择"草图截面"选项，进入草图绘制环境，绘制草图；选择"曲线"选项，则选取已画好的草图或曲线。

（2）方向：用"矢量构造器"🔲构造矢量或在矢量选择方式下拉列表中选择一种矢

量方式。

（3）限制：用于设置拉伸的方式。包括"起始"下拉列表、"结束"下拉列表。两下拉列表包括的选项相同。

"值"选项。在其后的文本框输入值即可确定选择对象拉伸的起始位置和结束位置。

"对称值"选项，两个文本框的值相同，沿两个方向对称拉伸。

"直至下一个"选项。选择该选项时，拉伸到被选择的对象。在使用此功能之前，必须已经创建了可供选择的对象。

"直到选定对象"选项。拉伸到被选择的对象。与"直到下一个"不同的是，前者要选择对象，后者不需要选择对象，而由系统判断最近的一个对象。

"直到被延伸"选项。拉伸到被选择的对象。选择的对象不一定与拉伸方向垂直。

"贯通"选项。拉伸体完全贯穿被选择的贯通对象。

（4）布尔：选择布尔运算的方式，有"无"、"求和"、"求差"、"求交"四个选项。

（5）草图：用于设置拉伸对象的拔模角度和拔模方式。有"无"、"从起始限制"、"从截面"、"起始截面_非对称角"、"起始截面_对称角"、"从截面匹配的端部"六个选项。

（6）偏置：可设置拉伸对象的偏置参数。

（7）设置：选择体类型为"实体"或"片体"。

7.3.3 基准面

基准面用于下列平面参考特征：定义一草图平面；对成形特征、如孔建立作平的安放表面；对定位特征，如孔用作目标边缘；当使用镜像体和镜像特征时用作镜像平面；当建立拉伸和旋转体时，用作定义起始或终止限界；用于修剪体；用于在装配中定义定位约束。

选择【插入】→【基准/点】→【基准平面】，或者单击图标 ▢ ，系统弹出"基准平面"对话框，如图 7-27 所示。从图 7-28 所示的类型选项列表中选择一种平面类型。

图 7-27　基准平面对话框

图 7-28　基准平面类型

基准面类型：

"自动判断"选项。基于选择的对象决定使用的最佳平面类型。

"成一角度"选项。使用一规定的角建立一基准面。

"按某一距离"选项。在规定的距离上建立一平行于一平表面或另一基准面的基准面。

"平分面"选项。利用平分角在两个选择的平表面或基准面间建立一中分面。

"在点、线或面上与面相切"选项。建立一基准面相切到一非平面表面和可选项的第2选择对象。

基准面功能选项：

反转平面法向。反转平面法向方向。

关联。如果清除此复选框，基准面将是固定的。如果之后编辑一非相关的基准面，不管它是怎样建立的，都固定地出现在列表中。

7.3.4 孔

选择菜单命令【插入】→【设计特征】→【孔】，或者单击图标 🗻，系统弹出"孔"对话框如图 7-29 所示。在实体上创建孔的一般步骤为：首先指定孔的类型，然后选择实体表面或基准平面作为孔放置平面和通过平面，再设置孔的参数及打通方向，最后确定孔在实体上的位置。

孔的类型包括简单孔、沉头孔、埋头孔。孔定位方式有 6 种，如图 7-30 所示。

图 7-29　孔对话框

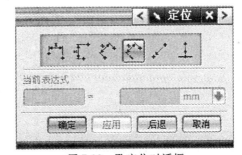

图 7-30　孔定位对话框

"水平" 选项。通过在目标体与工具体上分别指定一点，再以这两点沿水平参考方向的距离定位。

"竖直" 选项。通过在目标体与工具体上分别指定一点，以这两点沿垂直参考方向的距离进行定位。

"平行" ⬚ 选项。在与工作平面平行的平面中，测量目标体与工具体上分别指定点的距离。

"垂直" ⬚ 选项。通过在工具体上指定一点，以该点至目标体上指定边缘的垂直距离进行定位。

"点到点" ⬚ 选项。通过在工具体与目标体上分别指定一点，使两点重合进行定位。

"点到线" ⬚ 选项。通过在工具体上指定一点，使该点位于目标体的一指定边上进行定位。

7.4 课后练习

创建三维造型，尺寸如图 7-31 和图-32 所示。

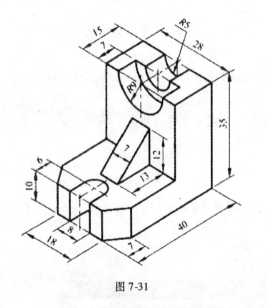

图 7-31

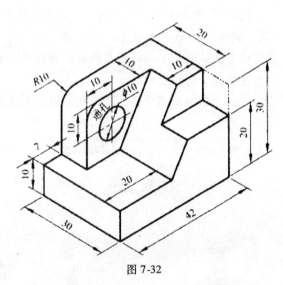

图 7-32

项目8 底座造型

【项目要求】

创建底座模型。图形尺寸如图 8-1 所示，最终效果如图 8-2 所示。

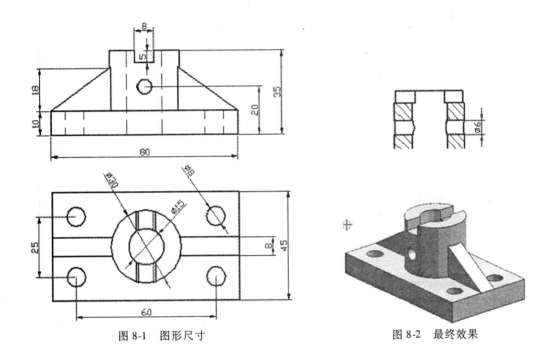

图 8-1 图形尺寸   图 8-2 最终效果

【学习目标】

● 掌握长方体的基本方法及常用的草图绘制工具。
● 掌握实体建模中拉伸、凸台、阵列等工具的用法。
● 了解和使用布尔操作运算选项。

【知识重点】

长方体、拉伸、凸台、草图、基准面、键槽操作选项。

【知识难点】

关联复制中的实例和镜像特征，通槽的建立。

8.1 设计思路

设计思路如图 8-3 所示。

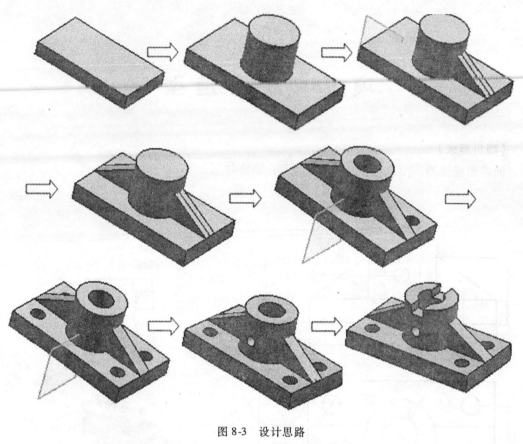

图 8-3 设计思路

8.2 操作步骤

8.2.1 新建文件

（1）单击【文件】→【新建】，或者单击图标 🗋，出现"文件新建"对话框，选择"模型"然后在"模板"内，选择"毫米"为单位，选择"模型"为模板类型。

（2）在新文件名中输入文件名"dizuo"，然后选择文件所放置的位置，点击【确定】按钮，即可建立文件名为"dizuo. prt"、单位为"毫米"的文件，并进入建模模块。

8.2.2 模型的建立

（1）建立长方体。单击【插入】→【设计特征】→【长方体】，或单击图标 🧊，系统弹出如图 8-4 所示的"长方体"对话框，单击【原点，边长】按钮，设置长方体参数：长为 80，宽为 45，高为 10，单击点构造器按钮 🔩，弹出"点构造器"对话框，以默认的（0，0，0）点作为长方体原点，单击【确定】按钮。

（2）建立凸台。单击【插入】→【设计特征】→【凸台】，或单击图标 系统弹出如图 8-5 所示的"凸台"对话框。设置凸台的参数：直径为 30，高度为 25，拔模角为 0。

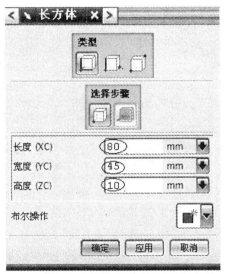

图 8-4　设置长方体参数

图 8-5　设置凸台参数

（3）设置凸台的放置位置。如图 8-6 所示，单击"凸台"对话框中的【确定】按钮，弹出"定位"对话框，单击对话框中的【垂直】按钮 。系统提示用户选择定位的目标对象。选择如图 8-7 所示的长方体的宽度边作为定位对象，并在对话框中设置定位参数 "40"，单击【应用】按钮。同样单击【垂直】按钮，选择如图 8-7 所示的长方体的长度边作为定位对象，并在对话框中设置定位参数 "22.5"，单击【确定】按钮，则凸台已被完全定位。

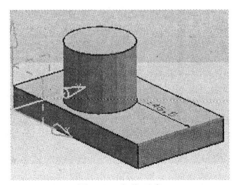

图 8-6　定位对象

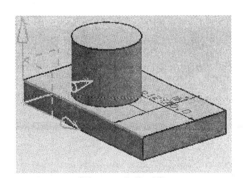

图 8-7　定位对象

（4）建立基准平面。单击【插入】→【基准/点】→【基准平面】，或单击图标 系统弹出如图 8-8 所示的"基准平面"对话框。选择如图 8-9 所示的两个平面，然后单击【确定】按钮，则基准平面已被建立。

图 8-8　基准平面对话框

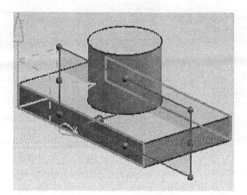

图 8-9　基准平面的建立

（5）绘制草图。单击"草图"按钮 ，系统弹出如图 8-10 所示的"创建草图"对话框。选择上一步建立的基准平面，然后单击【确定】按钮。绘制的草图如图 8-11 所示，单击【完成草图】按钮 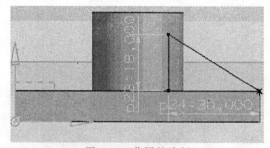，返回建模模式。

图 8-10　创建草图对话框

图 8-11　草图的绘制

（6）建立拉伸体。单击【插入】→【设计特征】→【拉伸】，或者单击图标，弹出"拉伸"对话框，如图 8-12 所示，设置拉伸参数：起始值 −4，结束值为 4，布尔运算为求和，单击【确定】按钮，则拉伸体已被建立，如图 8-13 所示。

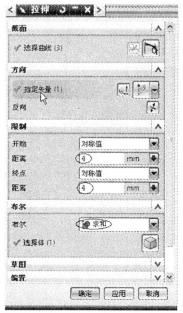

图 8-12 拉伸对话框

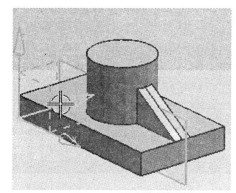

图 8-13 拉伸后效果

（7）建立基准平面。单击【插入】→【基准/点】→【基准平面】，或单击图标 □ ，系统弹出"基准平面"对话框。选择如图 8-14 所示的两个平面，然后单击【确定】按钮，则基准平面已被建立。

（8）建立对称件。单击【插入】→【关联复制】→【镜像特征】，或单击图标 ，系统弹出如图 8-15 所示的"镜像特征"对话框。选择如图 8-16 所示的特征后单击鼠标中键【确定】，然后选择上一步建立的基准平面后，单击【确定】按钮，则对称件已被建立。

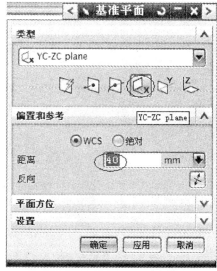

图 8-14 基准平面的建立

图 8-15 镜像特征对话框

（9）建立孔特征。单击【插入】→【设计特征】→【孔】，或单击图标 ，系统弹出如图 8-17 所示的"孔"对话框。选择"简单孔"，然后选择如图 8-18 所示的孔放置平面，选择通过面为长方体的底面。设置孔的参数：孔的直径为 8。

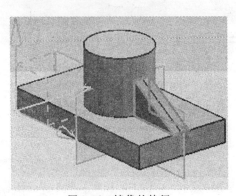

图 8-16　镜像的特征

图 8-17　孔对话框

（10）设置孔的放置位置。单击"孔"对话框中的【确定】按钮，弹出"定位"对话框，单击对话框中的"垂直"按钮 。系统提示用户选择定位的目标对象。选择如图 8-19 所示的长方体的宽度边作为定位对象，并在对话框中设置定位参数"10"，单击【应用】按钮。同样单击【垂直】按钮，选择如图 8-20 所示的长方体的长度边作为定位对象，并在对话框中设置定位参数"10"，单击【确定】按钮，则孔已被完全定位。

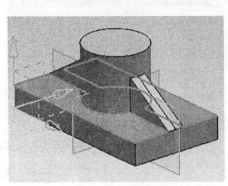

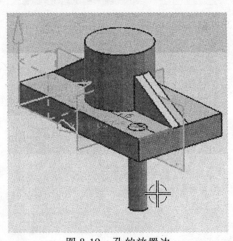

图 8-18　孔的放置平面

图 8-19　孔的放置边

（11）建立阵列特征。单击【插入】→【关联复制】→【实例特征】，或单击图标 ，系统弹出如图 8-21 所示的"实例特征"对话框。选择"矩形阵列"，系统弹出如图 8-22 所示对话框选择特征"Simple Hole"，单击【确定】按钮，系统弹出如图 8-23 所示对话框选择陈列方法：常规，设置阵列参数：XC 向的数量 2，XC 偏置 −60，YC 向的数量 2，YC 偏置 25。

图 8-20　孔的放置边

图 8-21　实例特征对话框

图 8-22　阵列特征

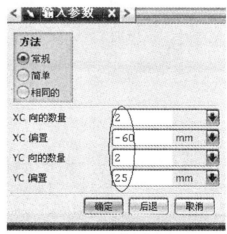

图 8-23　阵列参数设置

（12）建立孔阵列。单击【确定】按钮。系统弹出如图 8-24 所示的对话框。如果和需求一致则选择"是"，若反之，则选择"否"。单击【是】以后，孔的阵列就已完成。如图 8-25 所示。

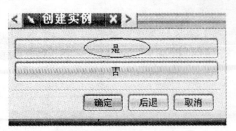

图 8-24　阵列确认对话框

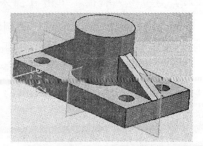

图 8-25　阵列效果

（13）建立孔特征。单击【插入】→【设计特征】→【孔】，或单击图标 ，系统弹出"孔"对话框。选择"简单孔"，然后选择如图 8-26 所示的孔放置平面，选择通过面为长方体的底面。设置孔的参数：孔的直径为 15。

（14）设置孔的放置位置。单击"孔"对话框中的【确定】按钮，弹出"定位"对话框，单击对话框中的【点到点】按钮 。系统提示用户选择定位的目标对象。选择如图 8-27 所示的凸台的顶面圆弧作为定位对象。选择设定圆弧的位置为圆弧中心如图 8-28 所示，则孔已被完全定位。

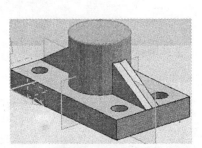

图 8-26　孔放置平面

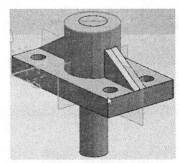

图 8-27　孔的定位参考

（15）绘制草图。单击"草图"按钮 ，系统弹出"基准平面"对话框。选择第 4 步骤建立的基准平面，然后单击【确定】按钮。绘制的草图如图 8-29 所示，单击【完成草图】按钮 返回建模模式。

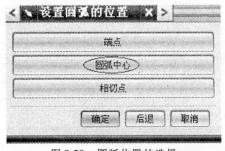

图 8-28　圆弧位置的选择

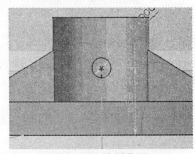

图 8-29　绘制草图

（16）建立拉伸体。单击【插入】→【设计特征】→【拉伸】，或者单击图标█，弹出"拉伸"对话框，如图 8-30 所示，设置拉伸参数：起始为贯通，结束值为贯通，布尔运算为求差，单击【确定】按钮，则拉伸体已被建立如图 8-31 所示。

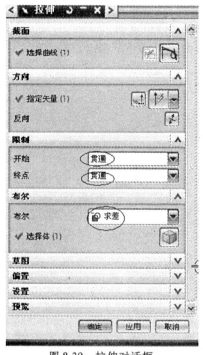

图 8-30　拉伸对话框

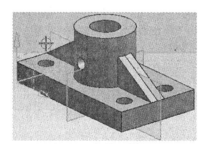

图 8-31　拉伸后效果图

（17）建立沟槽。单击【插入】→【设计特征】→【键槽】，或者单击图标█，弹出如图 8-32 所示"键槽"对话框，选择"矩形键槽"并选中"通槽"选项，单击【确定】按钮。

（18）设置沟槽放置平面。单击"键槽"对话框中的【确定】按钮，弹出选择键槽放置平面的选项。选择如图 8-33 所示的键槽放置平面。

图 8-32　键槽对话框

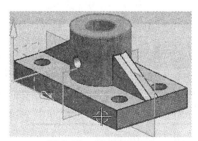

图 8-33　键槽放置面

（19）设置沟槽放置位置。选中键槽放置平面后，弹出如图 8-34 所示的"水平参考"对话框，选择长方体宽度边作为键槽的水平参考方向。选择水平参考后，弹出键槽通过面选项。选择如图 8-35 所示的面作为键槽通过面。

图 8-34　水平参考对话框

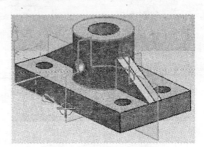

图 8-35　键槽通过面

（20）设置键槽参数。选择键槽通过面后，弹出如图 8-36 所示的"矩形键槽"对话框。设置键槽参数：宽度为 8，深度为 5。

（21）键槽的定位。在键槽参数对话框中单击【确定】按钮，弹出如图 8-37 所示键槽"定位"对话框。单击【直线至直线】按钮 选择第 7 步骤建立的基准平面为目标边，然后选择如图 8-38 所示的直线为工具边，单击【确定】。

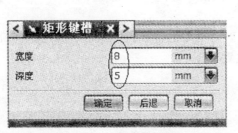

图 8-36　键槽参数设置

图 8-37　键定位对话框

（22）隐藏参考。单击【编辑】→【显示和隐藏】→【隐藏】，或者单击图标 ，弹出如图 8-39 所示的"类选择"对话框，选择"类型过滤器"系统，弹出如图 8-40 所示的"根据类型选择"对话框，选择"草图"和"基准"，单击【确定】按钮，返回"类选择"对话框。选择对象中的"全选"单击【确定】按钮。则所有参考被隐藏。模型完成，如图 8-41 所示。

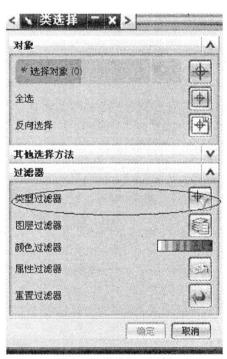

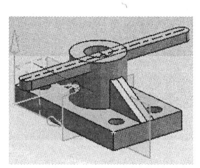

图 8-38　目标边和工具边

图 8-39　类选择对话框

图 8-40　根据类型选择对话框

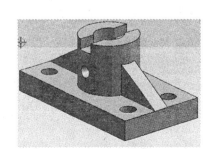

图 8-41　完成图

8.3 知识链接

8.3.1 长方体

单击【特征】工具栏上的"长方体"按钮，或选择下拉菜单的【插入】→【设计特征】→【长方体】命令，弹出"长方体"对话框，如图 8-42 所示。在对话框中选择长方体的创建方式，然后按选择步骤操作进行，即可创建所需的长方体。

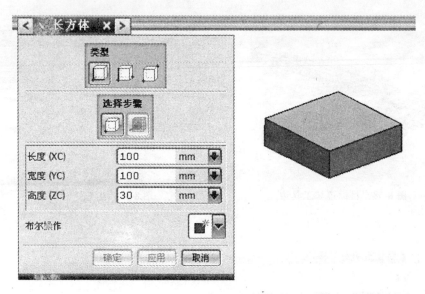

图 8-42　长方体对话框

建立长方体的方法有如下 3 种：

原点，边长度：通过设置长方体的原点和三条边长建立长方体。

两点，高度：通过定义两个点作为长方体底面对角线顶点，并指定高度来建立长方体。

两个对角点：通过定义两个点作为长方体对角线的顶点来创建长方体。

8.3.2 凸垫

凸垫是在特征面上增加一个指定形状的凸起特征。

单击"特征"工具栏上的【凸垫】按钮，或选择下拉菜单的【插入】→【设计特征】→【凸垫】命令，弹出"凸垫"对话框，如图 8-43 所示。

凸垫的类型包括"矩形"和"常规"两种。下面仅介绍常用的矩形凸垫创建的操作步骤。

（1）单击【矩形】按钮，选择矩形凸垫，弹出"矩形凸垫"对话框，如图 8-44 所示。

图 8-43　凸垫对话框

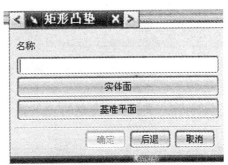

图 8-44　矩形凸垫对话框

（2）选择好放置面后，弹出"水平参考"对话框，选择矩形凸垫的水平参考方向，以确定矩形凸垫长度方向。

（3）选择好长度方向后，弹出"矩形凸垫"参数对话框，在该对话框输入矩形凸垫参数，如图 8-45 所示。

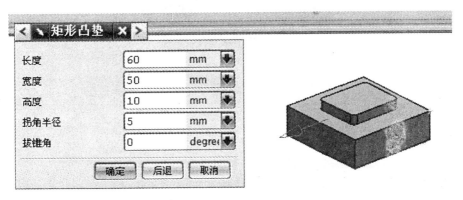

图 8-45　矩形凸垫参数对话框及其含义

（4）设置好矩形凸垫的参数后，利用弹出的定位对话框为矩形凸垫定位即可。

8.3.3　镜像特征

镜像操作将特征、曲面、曲线或其他几何体，对一个镜像平面进行镜像，得到源特征的一个副本，使用此工具在设计工作中可以节省时间。

应用"镜像特征"，可以将所选定的特征相对于一个基准平面或平面形表面作镜像操作，从而获得与源特征的对称特征，生成的特征与源特征一起构成同一实体。

单击【镜像特征】按钮，弹出"镜像特征"对话框如图 8-46 所示。选择圆柱体，然后选择"平面"组框里的"新平面"，选择镜像平面，单击【确定】按钮，结果如图8-47所示。

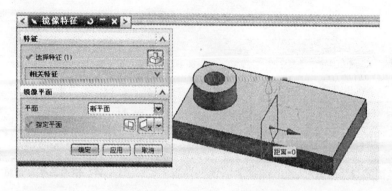

图 8-46　镜像特征对话框及其含义

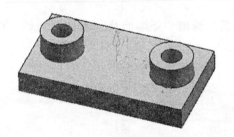

图 8-47　镜像结果

8.4　课后练习

创建三维造型，尺寸如图 8-48 和图 8-49 所示。

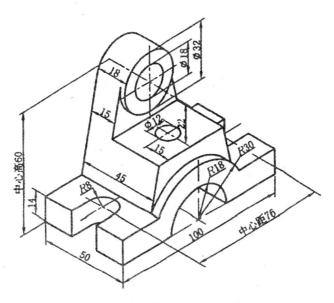

图 8-48

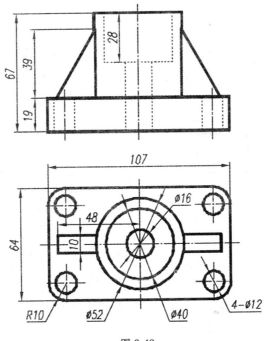

图 8-49

项目9 螺栓造型

【项目要求】

创建螺栓模型。图形尺寸如图 9-1 所示，最终效果如图 9-2 所示。

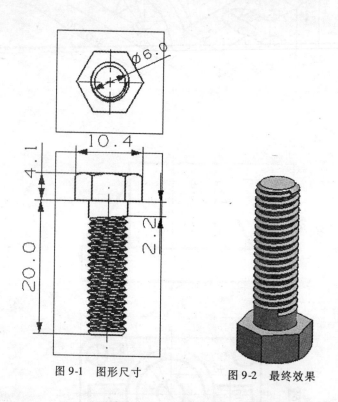

图 9-1 图形尺寸   图 9-2 最终效果

【学习目标】

● 掌握常用的曲线工具。

● 掌握实体建模中拉伸、圆台、边倒角、螺纹等工具的用法。

● 了解和使用布尔操作运算选项。

【知识重点】

拉伸、圆台、边倒圆、螺纹。

【知识难点】

螺纹。

9.1 设计思路

设计思路如图 9-3 所示。

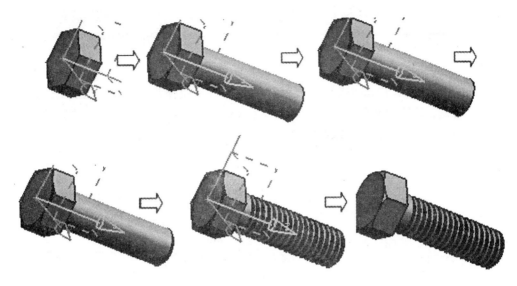

图 9-3 设计思路

9.2 操作步骤

9.2.1 新建文件

（1）单击【文件】→【新建】，或者单击图标⬜，出现"文件新建"对话框，选择"模型"然后在"模板"内，选择"毫米"为单位，选择"模型"为模板类型。

（2）在新文件名中输入文件名"luoshuan"，然后选择文件所放置的位置，点击【确定】按钮，即可建立文件名为"luoshuan.prt"、单位为"毫米"的文件，并进入建模模块。

9.2.2 模型的建立

（1）生成六棱柱。

①生成六边形。单击【插入】→【曲线】→【多边形】，或者单击图标⬡，系统弹出如图 9-4 所示的"多边形"对话框，侧面数输入"6"，单击【确定】按钮；系统弹出如图 9-5 所示的对话框，选择多边形创建方式为"内接半径"；在多边形参数对话框中输入内接半径为"4.5"，单击【确定】，在点对话框中输入坐标值（0，0，0）。绘制出如图 9-6 所示的正六边形。

图 9-4　多边形对话框

图 9-5　多边形创建方式

②建立拉伸体。单击【插入】→【设计特征】→【拉伸】，或者单击图标，弹出"拉伸"对话框，选中图 9-6 所示六边形的每条边，如图 9-7 所示，设置拉伸参数：起始值 0，结束值为 4.1，单击【确定】按钮，拉伸体已被建立。

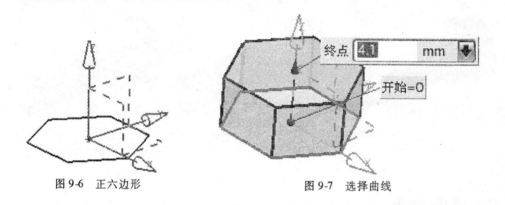

图 9-6　正六边形　　　　　　　　图 9-7　选择曲线

（2）建立凸台。单击【插入】→【基准/点】→【点】，或单击图标，输入坐标值（0，0，4.1），单击"确定"。单击【插入】→【设计特征】→【凸台】，或单击图标系统弹出如图 9-8 所示的"凸台"对话框。设置凸台的参数：直径为 6，高度为 20，拔模角为 0，选择六棱柱上表面为放置平面，单击【确定】。系统弹出如图 9-9 所示的"凸台定位"对话框，选择"点到点"的方式。选择创建的点作为定位参考点，单击【确定】，生成的凸台如图 9-10 所示。

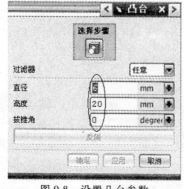

图 9-8　设置凸台参数

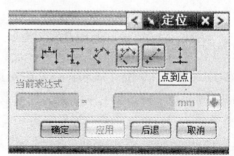

图 9-9　凸台定位方式

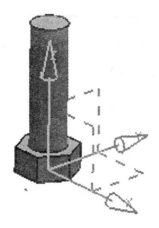

图 9-10　螺栓外形

（3）生成螺帽倒角。

①生成正六边形内切圆。单击【插入】→【曲线】→【基本曲线】，或者单击图标
，系统弹出如图 9-11 所示的对话框，单击图标，在点方法下选择点构造器图标，在系统弹出的点构造器对话框中设置点的 XC、YC、ZC 值均为 0，作为内切圆的圆心。然后在点构造器中把"类型"设为"自动判断的点"，选取正六形式的任意一条边，以确定圆弧上的点。选取时，鼠标尽量选择正六边形的中间位置。生成的内接圆如图 9-12 所示。

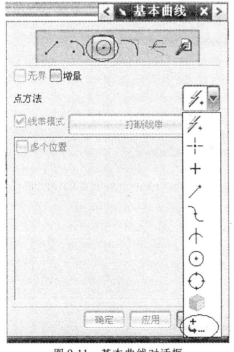

图 9-11　基本曲线对话框

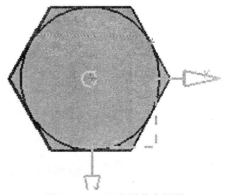

图 9-12　正六边形的内切圆

②生成螺帽倒角。单击【插入】→【设计特征】→【拉伸】，或者单击图标⬚，弹出"拉伸"对话框如图 9-13 所示，选择刚创建的内切圆，设置拉伸参数：起始值 0，结束值为 25，布尔运算为求交，草图选择"从起始限制"，角度设为"－60"，单击【确定】按钮，倒出的圆角如图 9-14 所示。

图 9-13　拉伸对话框

图 9-14　螺帽倒圆角

（4）倒斜角。单击【插入】→【细节特征】→【倒斜角】，或单击图标⬚，弹出如图 9-15 所示对话框，输入距离值"0.6"，选择螺杆上端的圆，单击【确定】。

图 9-15　倒斜角对话框

（5）生成螺纹。单击【插入】→【设计特征】→【螺纹】，或单击图标 ，系统弹出螺纹对话框，选择螺纹类型为"详细的"，选择螺杆圆柱面，选择螺杆上端面作为起始面，系统弹出如图 9-16 所示的对话框，单击【螺纹轴反向】。在弹出的对话框中输入长度值为"17"，单击【确定】，生成的螺纹如图 9-17 所示。

图 9-16　螺纹轴反向

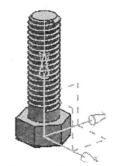

图 9-17　生成的螺纹

（6）隐藏参照。单击【编辑】→【显示和隐藏】→【隐藏】，或者单击图标 ，弹出如图 9-18 所示的"类选择"对话框，选择"类型过滤器"系统，弹出如图 9-19 所示的类型选择对话框，选择"曲线"和"基准"，单击【确定】按钮，返回"类选择"对话框。选择对象中的"全选"，单击【确定】按钮。则所有参考被隐藏，模型完成，如图 9-20 所示。

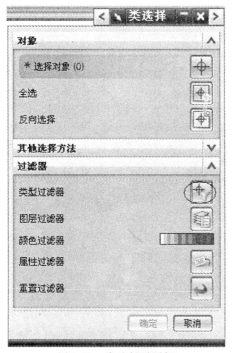

图 9-18　类选择对话框

图 9-19　选择曲线和基准

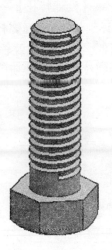

图 9-20　最终效果

9.3　知识链接

9.3.1　凸台

凸台是构造在平面上的圆柱形或圆锥形特征。创建凸台的操作步骤如下。

（1）单击"特征"工具栏上的【凸台】按钮，弹出"凸台"对话框，如图 9-21 所示。

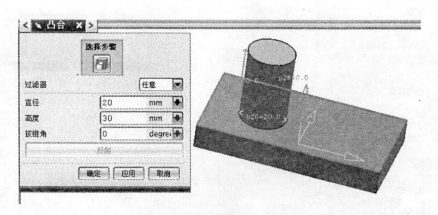

图 9-21　凸台对话框及其含义

（2）选择圆台的放置面，并在"凸台"对话框中设定所创建的凸台的直径、高度和拔锥角，正拔模角为向上收缩，负值为向上扩大。

（3）在弹出的"定位"对话框为凸台定位。单击【确定】按钮，即可创建所需的凸台，结果如图 9-22 所示。

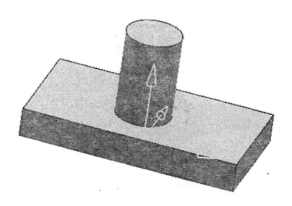

图 9-22　凸台特征

9.3.2　倒斜角

倒斜角是工程中经常出现的倒角方式，是指按一定尺寸斜切实体的棱边，对于凸棱边去除材料，对于凹棱边增添材料。倒斜角的操作步骤如下。

（1）单击【特征】工具栏上的"倒斜角"按钮，弹出"倒斜角"对话框，如图 9-23 所示。

（2）在"偏置"组框中"横截面"下拉列表中选择创建倒角特征的类型，包括"对称"、"非对称"、"偏置和角度"三种，如图 9-24 所示。

图 9-23　倒斜角对话框

图 9-24　倒斜角类型

对称：创建两个方向切除量相同的倒角，等于 45°倒角。

非对称：创建两个方向切除量不相等的倒角，切除角不等于 45°。

偏置和角度：通过一个角度和偏置值创建倒角。

（3）选择需要倒角的边，设置倒角参数。

（4）单击【确定】按钮，即可创建倒角特征，如图 9-25 所示。

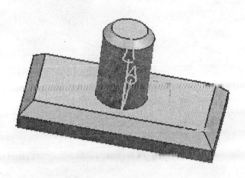

图 9-25　倒斜角特征

9.3.3　螺纹

在工程设计中经常会用到螺栓、螺柱、螺孔等具有螺纹表面的零件，而 UG NX 为螺纹创建提供了非常方便的方法，可以在孔、圆柱或圆台上创建螺纹。

螺纹创建的操作步骤如下。

（1）单击【特征】工具栏上的"螺纹"按钮，弹出"螺纹"对话框，如图 9-26 所示。

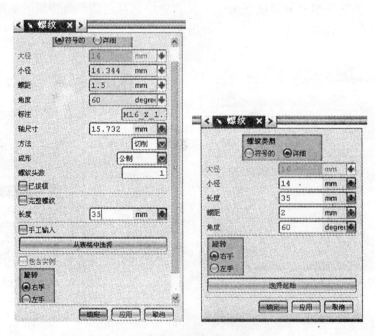

图 9-26　螺纹对话框

（2）选择螺纹类型，包括"符号的"和"详细"两种。

符号的：符号的螺纹指只是在圆柱体上建立虚线圆，而不显示螺纹实体，这种螺纹生成螺纹的速度快，计算量小。

详细：详细的螺纹用于建立真实的螺纹，由于螺纹几何形状复杂，计算量大，创建和更新的速度减慢。

（3）选择螺纹的放置表面，螺纹的放置表面必须是圆柱面。

（4）在"螺纹"对话框中设置螺纹参数，通常只需输入螺纹头数和螺纹长度。

常用的螺纹参数如下。

大径：即螺纹大径，默认值是根据所选择圆柱面直径和内外螺纹的形式得到的。

小径：即螺纹小径，默认值是根据所选择圆柱面直径和内外螺纹的形式得到的。

螺距：用于设置螺距，默认值是根据所选择圆柱面查螺纹参数得到的。

角度：用于设置螺纹牙型角，默认值为螺纹的标准值。

标注：用于标记螺纹，自动引用螺纹表得到。

轴尺寸：用于设置外螺纹轴的尺寸或内螺纹的钻孔尺寸，查螺纹参数表得到。

方法：用于指定螺纹的加工方法。

成形：用于指定螺纹的标准。

螺纹头数：用于设置创建单头或多头螺纹的头数。

已拔模：用于设置螺纹是否为拔模螺纹。

完整螺纹：用于指定在整个圆柱上攻螺纹。当圆柱长度改变时，螺纹会自动改变。

长度：用于设置螺纹的长度。

手工输入：用于设置从键盘输入螺纹的基本参数。

从表格中选择：用于指定螺纹参数从螺纹参数表中选择。

包含实例：选择该选项，对阵列特征中的一个成员进行操作，则该阵列中的所有成员全部被攻螺纹。

选择起始：用于指定一个实体表面或基准平面作为螺纹的起始位置。

（5）在"旋转"选项中单击"右手"或"左手"，定义螺纹的放置方向。

（6）单击【选择起始】按钮，选择螺纹起始面。

（7）单击【确定】按钮，完成螺纹创建。详细螺纹示例如图 9-27 所示。

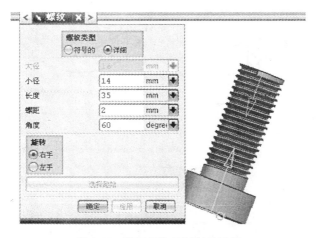

图 9-27　详细螺纹特征创建示例

9.4　课后练习

创建三维造型，尺寸如图 9-28 和图 9-29 所示。

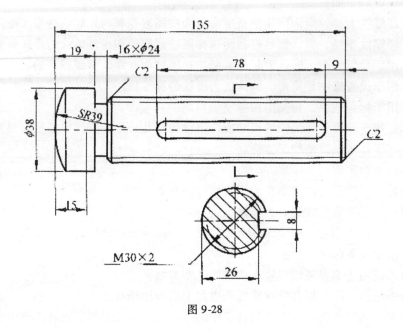

图 9-28

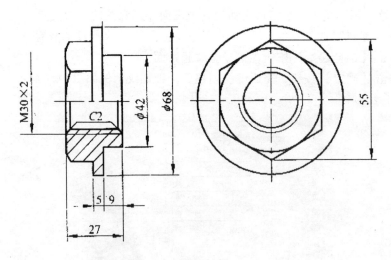

图 9-29

项目 10 齿 轮 造 型

【项目要求】

创建齿轮模型。图形尺寸如图 10-1 所示，最终效果如图 10-2 所示。

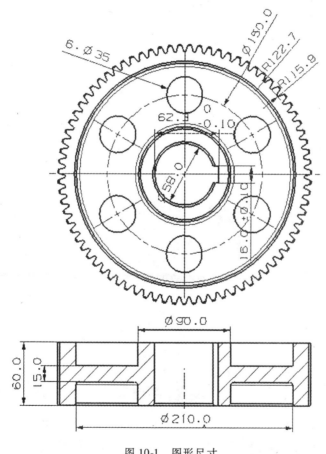

图 10-1 图形尺寸

【学习目标】

● 掌握长方体的基本方法及常用的草图绘制工具。

● 掌握实体建模中拉伸、倒斜角、边倒圆、阵列等工具的用法。

● 了解和使用布尔操作运算选项。

【知识重点】

长方体、拉伸、倒斜角、边倒圆、阵列操作选项。

图 10-2 最终效果

【知识难点】
关联复制中的实例特征。

10.1 设计思路

设计思路如图 10-3 所示。

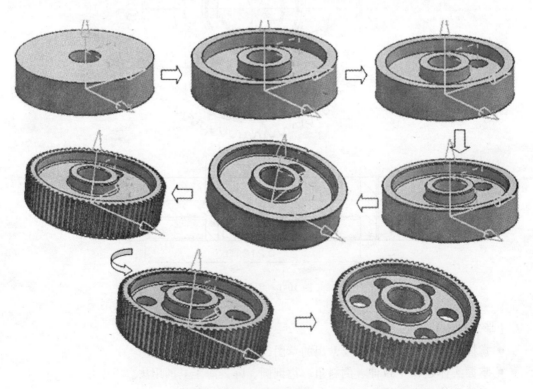

图 10-3 设计思路

10.2 操作步骤

10.2.1 新建文件

(1) 单击【文件】→【新建】，或者单击图标🗋，出现"文件新建"对话框，选择"模型"然后在"模板"内，选择"毫米"为单位，选择"模型"为模板类型。

(2) 在新文件名中输入文件名"chilun"，然后选择文件所放置的位置，点击【确定】按钮，即可建立文件名为"chilun. prt"、单位为"毫米"的文件，并进入建模模块。

10.2.2 模型的建立

(1) 绘制草图。单击"草图"按钮🔳，系统弹出"创建草图"对话框，单击【确定】。绘制的草图如图 10-4 所示，单击【完成草图】按钮 ✎ 完成草图 返回建模模式。

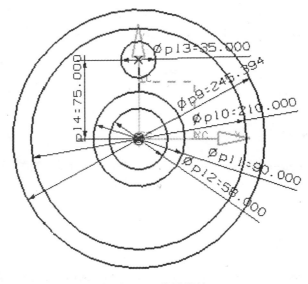

图 10-4 草图绘制

(2) 建立拉伸体。

①拉伸体 1。单击【插入】→【设计特征】→【拉伸】，或者单击图标🔲，弹出"拉伸"对话框，设置拉伸参数：起始值 0，结束值为 60，布尔运算无，在图 10-5 所示的下拉菜单中选择"单条曲线"，在草图中选择 ϕ245. 394 和 ϕ58 的圆，单击【应用】，则拉伸体已被建立，如图 10-6 所示。

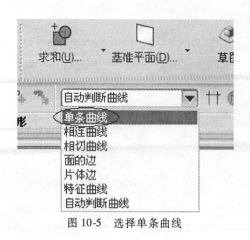

图 10-5　选择单条曲线

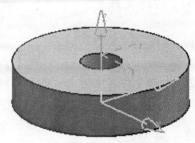

图 10-6　第一次拉伸

②拉伸体 2。在草图中选择 $\phi 210$ 和 $\phi 90$ 的圆，设置拉伸参数：起始值 0，结束值为 22.5，布尔运算为求差，单击【应用】，拉伸体如图 10-7 所示。

③拉伸体 3。在草图中选择 $\phi 210$ 和 $\phi 90$ 的圆，设置拉伸参数：起始值 37.5，结束值为 60，布尔运算为求差，单击【应用】，建立起齿轮另一面的沟槽。

④拉伸体 4。在草图中选择 $\phi 35$ 的圆，设置拉伸参数：起始值 0，结束值为 60，布尔运算为求差，单击【确定】，拉伸体如图 10-8 所示。

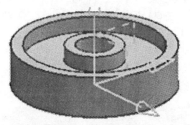

图 10-7　第二次拉伸

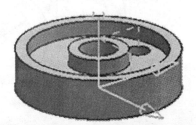

图 10-8　第四次拉伸

（3）倒斜角。单击【插入】→【细节特征】→【倒斜角】，或者单击图标，弹出"倒斜角"对话框，输入距离为"2"，选择如图 10-9 所示的边，单击【应用】。再输入距离"1"，选择如图 10-10 所示的边，单击【确定】。

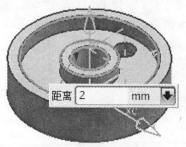

图 10-9　倒斜角的边

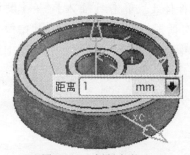

图 10-10　倒斜角的边

（4）边倒圆。单击【插入】→【细节特征】→【边倒圆】，或者单击图标，弹出"边倒圆"对话框，输入半径"3"，选择如图 10-11 所示的边，单击【确定】。

用同样的方法对另一面沟槽进行倒斜角和边倒圆，结果如图 10-12 所示。

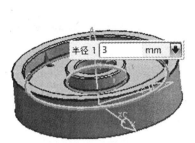 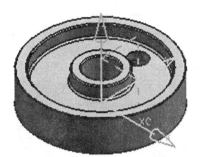

图 10-11 边倒圆的边   图 10-12 倒斜角、边倒圆

（5）绘制齿廓草图。单击"草图"按钮，系统弹出"创建草图"对话框，单击【确定】。绘制的草图如图 10-13 所示，单击【完成草图】按钮 返回建模模式。

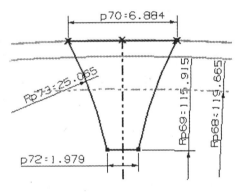

图 10-13 齿廓草图

（6）拉伸齿槽。单击【插入】→【设计特征】→【拉伸】，或者单击图标，弹出"拉伸"对话框，设置拉伸参数：起始值 0，结束值为 60 ，布尔运算为求差，选择刚绘制的齿廓草图，单击【确定】，则齿槽拉伸体已被建立如图 10-14 所示。

（7）建立阵列特征。

①阵列齿槽。单击【插入】→【关联复制】→【实例特征】，或单击图标，系统弹出"实例特征"对话框。选择"圆形阵列"，系统弹出如图 10-15 所示的对话框，选择特征"Extrude（10）"，单击【确定】按钮，系统弹出如图 10-16 所示对话框，输入数量"79"、角度"360/79"，在弹出的对话框中选择"点和方向"，在弹出的矢量对话框图 10-17 中选择"Z"方向，单击【确定】，在"点"对话框中将点的坐标设为（0，0，0），单击【确定】，在弹出的创建实例对话框中单击"是"，阵列后的齿槽如图 10-18 所示。

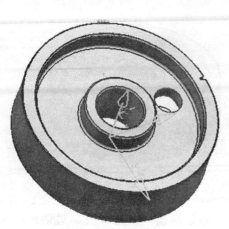

图 10-14　齿槽

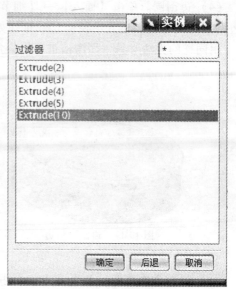

图 10-15　选择阵列对象

图 10-16　圆形阵列参数设置

图 10-17　矢量对话框

②阵列 φ35 的孔。单击【插入】→【关联复制】→【实例特征】，或单击图标，系统弹出"实例特征"对话框。选择"圆形阵列"，在系统弹出的对话框中选择特征"Extrude（5）"，单击【确定】按钮，系统弹出实例对话框，输入数量"6"、角度"60"，在弹出的对话框中选择"点和方向"，在弹出的矢量对话框中选择"Z"方向，单击"确定"，在"点"对话框中将点的坐标设为（0，0，0），单击【确定】，在弹出的创建实例对话框中单击【是】，孔阵列后如图 10-19 所示。

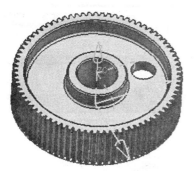

图 10-18　阵列的齿槽

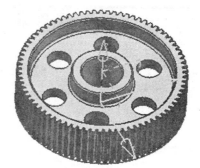

图 10-19　阵列的孔

　　（8）开键槽。单击【插入】→【基准／点】→【点】，或单击图标，系统弹出点对话框，输入点的坐标值（0，－8，0），单击【确定】。单击【插入】→【设计特征】→【长方体】，或单击图标，系统弹出长方体对话框如图 10-20 所示，输入长、宽、高分别为"33.3"、"16"和"60"，选择刚创建的点，布尔操作为求差。单击【确定】，结果如图 10-21 所示。

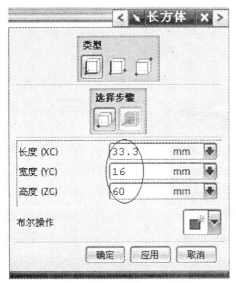

图 10-20　长方体对话框

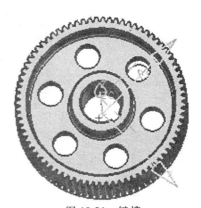

图 10-21　键槽

　　（9）隐藏参考。单击【编辑】→【显示和隐藏】→【隐藏】，或者单击图标，弹出如图 10-22 所示的"类选择"对话框，选择"类型过滤器"系统弹出如图 10-23 所示的类型选择对话框，选择"草图"、"点"和"基准"，单击【确定】按钮，返回"类选择"对话框。选择对象中的"全选"单击【确定】按钮。则所有参考被隐藏。模型完成，如图 10-24 所示。

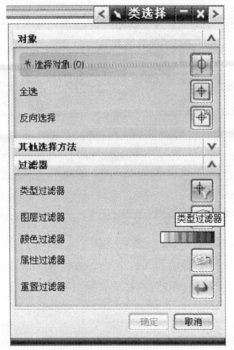

图 10-22　类选择对话框　　　　图 10-23　根据类型选择对话框

图 10-24　最终效果

10.3　知识链接

边倒圆

边倒圆是工程中经常出现的倒角方式，是按照指定的半径值对预选的实体边进行倒圆操作，以产生平滑过渡。边倒圆的操作步骤如下。

（1）单击【特征】工具栏上的"边倒圆"按钮，弹出"边倒圆"对话框，如图 10-25 所示。

（2）在对话框中设置"半径 1"的值。

图 10-25　边倒圆对话框

（3）选择要倒圆的边，如果选择"启用预览"，则系统在图形界面中给出圆角预览。

（4）单击【应用】或【确定】按钮，完成边倒圆。

也可以对边进行变半径倒圆角。打开"可变半径点"列表，在图中选中倒圆边的两个点，分别在对话框中输入每个点对应的半径。如图 10-26 所示，选择第一个点，输入半径"1"，选择第二个点输入半径"5"，结果如图 10-27 所示。

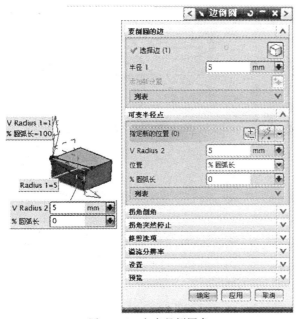

图 10-26　变半径倒圆角

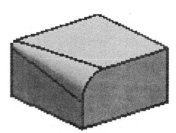

图 10-27　变半径倒圆角

10.4　课后练习

创建三维造型，尺寸如图 10-28 所示。

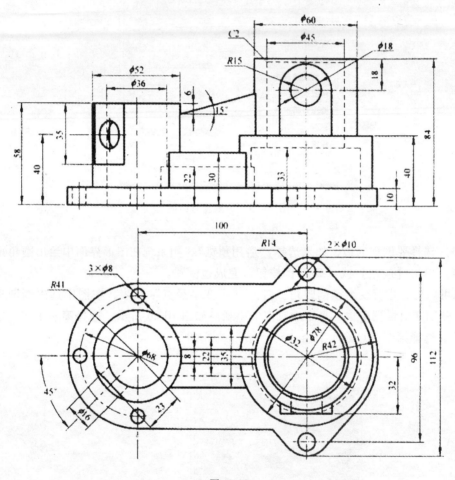

图 10-28

项目 11　凹 模 造 型

【项目要求】

创建凹模三维模型。图形尺寸如图 11-1 所示，最终效果如图 11-2 所示。

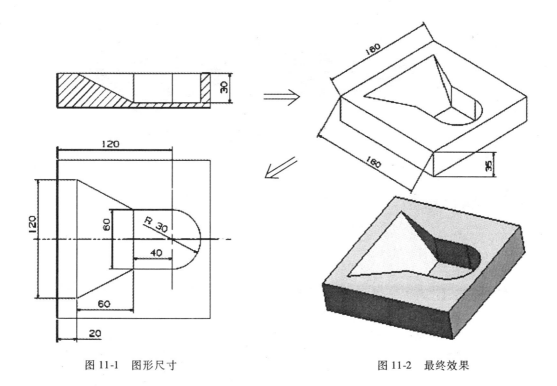

图 11-1　图形尺寸　　　　　　　　　图 11-2　最终效果

【学习目标】

- 掌握长方体的基本方法及常用的草图绘制工具。
- 掌握实体建模中拉伸、布尔运算选项等工具的用法。
- 掌握用线框图拉伸的方法。

【知识重点】

长方体、拉伸、草图、线框图操作选项。

【知识难点】

用线框图拉伸。

11.1 设计思路

设计思路如图 11-3 所示。

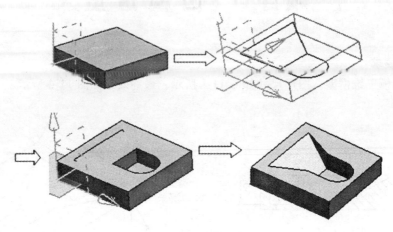

图 11-3 设计思路

11.2 操作思路

11.2.1 新建文件

（1）单击【文件】→【新建】，或者单击图标⬜，出现"文件新建"对话框，选择"模型"然后在"模板"内，选择"毫米"为单位，选择"模型"为模板类型。

（2）在新文件名中输入文件名"aomo 选择文件所放置的位置，点击【确定】按钮，即可建立文件名为"aomo. prt"、单位为"毫米"的文件，并进入到建模模块。

11.2.2 建立模型

（1）建立长方体。单击【插入】→【设计特征】→【长方体】，或单击图标◤，系统弹出如图 11-4 所示的"长方体"对话框，单击【原点，边长】按钮，设置长方体参数：长为 160，宽为 160，高为 35，单击点构造器按钮⊞，弹出"点构造器"对话框，以默认的（0，0，0）点作为长方体原点，单击【确定】按钮。

（2）绘制第一条直线。单击⊕，将显示方式改为静态线框。单击【插入】→【曲线】→【直线】，或单击图标／，系统弹出如图 11-5 所示的直线对话框，单击点构造器按钮⊞，弹出"点构造器"对话框，起点坐标设为（20，20，35），终点坐标设为（20，140，35），单击【确定】，完成第一条直线。

（3）绘制第二条直线。方法同上，起点坐标设为（80，50，10），终点坐标设为

（80，110，10），单击【确定】，完成第二条直线。

图 11-4 设置长方体参数

图 11-5 直线对话框

（4）绘制另二条直线。单击【插入】→【曲线】→【直线】，或单击图标 / ，选择如图 11-6 所示两点作为起点和终点。单击【确定】，完成直线。同样的方法作出另一条直线。如图 11-7 所示。

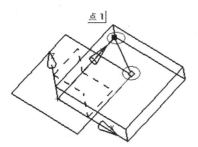

图 11-6 绘制直线

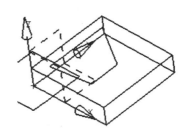

图 11-7 绘制的直线

（5）建立基准平面。单击【插入】→【基准/点】→【基准平面】，或单击图标 □ 系统弹出如图 11-8 所示的"基准平面"对话框，选择 XC－YC 平面，距离设为"10"，然后单击【确定】按钮，则基准平面已被建立，如图 11-9 所示。

图 11-8 基准平面对话框

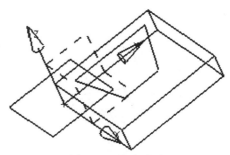

图 11-9 基准平面

（6）绘制草图。单击"草图"按钮🔲，系统弹出"基准平面"对话框。选择上一步建立的基准平面，然后单击"确定"按钮。绘制的草图如图 11-10 所示，单击【完成草图】按钮🔲 完成草图，返回建模模式。

（7）建立拉伸体。单击【插入】→【设计特征】→【拉伸】，或者单击图标🔲，弹出"拉伸"对话框，设置拉伸参数，起始值 0，结束值为 30，布尔运算为求差，选择图 11-11 所示图形，拉伸矢量选择 Z，单击"确定"按钮，则拉伸体已被建立，如图 11-12 所示。

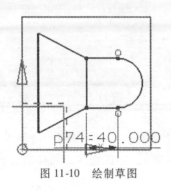

图 11-10 绘制草图

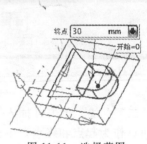

图 11-11 选择草图

（8）建立拉伸体。单击【插入】→【设计特征】→【拉伸】，或者单击图标🔲，弹出"拉伸"对话框，设置拉伸参数：拉伸矢量选择 Z，起始值 0，结束值为 30，布尔运算为求差，选择反向，选中图 11-13 所示图形，单击【确定】按钮，则拉伸体已被建立，如图 11-14 所示。单击🔲，将显示方式改为带边着色，显示如图 11-15 所示。

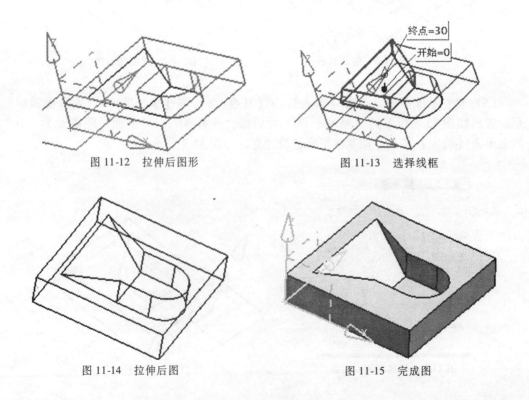

图 11-12 拉伸后图形

图 11-13 选择线框

图 11-14 拉伸后图

图 11-15 完成图

11.3 课后练习

创建三维造型，尺寸如图 11-6 和图 11-7 所示。

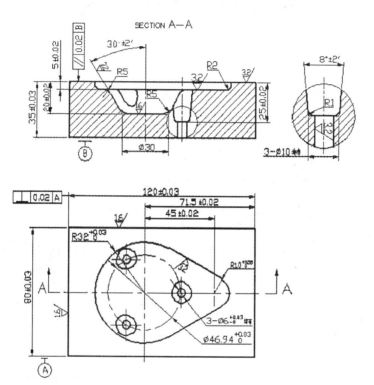

图 11-16

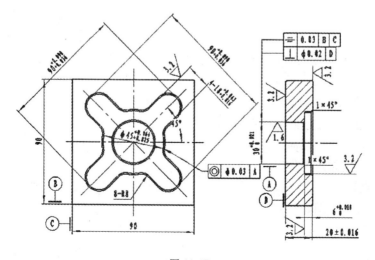

图 11-17

项目 12 轮 毂 造 型

【项目要求】

创建轮毂模型。图形尺寸如图 12-1 所示，最终效果如图 12-2 所示。

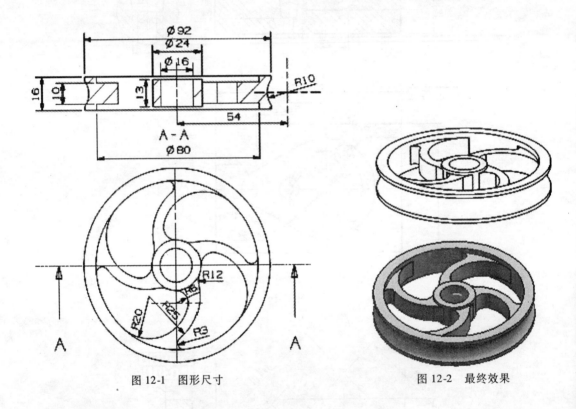

图 12-1 图形尺寸   图 12-2 最终效果

【学习目标】

● 掌握常用的草图绘制及约束工具。
● 掌握实体建模中拉伸、旋转、管道、阵列等工具的用法。
● 了解和使用布尔操作运算选项。

【知识重点】

旋转、拉伸、草图、阵列。

【知识难点】

草图约束。

12.1　设计思路

设计思路如图 12-3 所示。

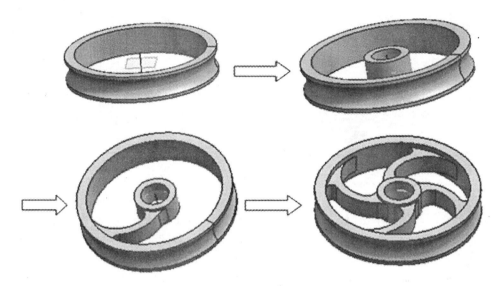

图 12-3　设计思路

12.2　操作步骤

12.2.1　新建文件

（1）单击【文件】→【新建】，或者单击图标 ▯，出现"文件新建"对话框，选择"模型"然后在"模板"内，选择"毫米"为单位，选择"模型"为模板类型。

（2）在新文件名中输入文件名"lungu"，然后选择文件所放置的位置，点击【确定】按钮，即可建立文件名为"lungu. prt"、单位为"毫米"的文件，并进入建模模块。

12.2.2　模型的建立

（1）绘制草图。单击【草图】按钮 ▦，系统弹出如图 12-4 所示的"创建草图"对话框，单击【确定】按钮。绘制的草图如图 12-5 所示，单击【完成草图】按钮 ▦ 完成草图，返回建模模式。

图 12-4　创建草图对话框

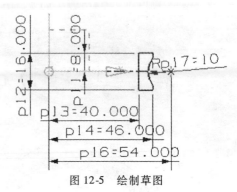

图 12-5　绘制草图

（2）建立回转体。单击【插入】→【设计特征】→【回转】，或者单击图标 ，弹出"回转"对话框，如图 12-6 所示，选中图 12-5 所示的草图，设置回转参数：起始值为 0，结束值为 360，指定矢量选择"Y"，指定点选择（0，0，0），单击【确定】按钮，则回转体已被建立，如图 12-7 所示。

图 12-6　回转对话框

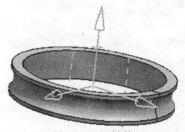

图 12-7　回转体

（3）绘制直线。单击【插入】→【曲线】→【直线】，或单击图标 ，系统弹出如

图 12-8 所示的直线对话框，单击点构造器按钮 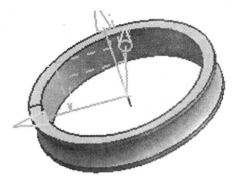，弹出"点构造器"对话框，起点坐标设为（0，6.5，0），终点坐标设为（0，－6.5，0），单击【应用】，完成直线，如图 12-9 所示。

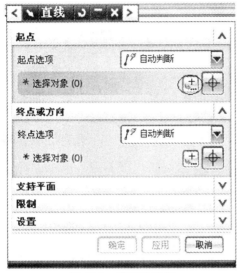

图 12-8　直线对话框

图 12-9　绘制直线

（4）建立管道。单击管道图标 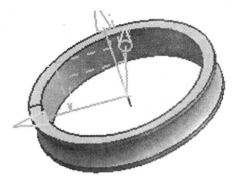，系统弹出如图 12-10 所示的"管道"对话框，选中上步所画直线，设置管道参数：外径 24，内径 16，单击点构造器按钮 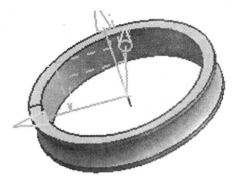，弹出"点构造器"对话框，以默认的（0，0，0）点作为长方体原点，单击【确定】按钮，管道创建好，如图 12-11 所示。

图 12-10　管道对话框

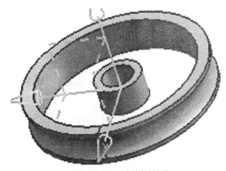

图 12-11　创建管道

（5）绘制草图。单击【草图】按钮 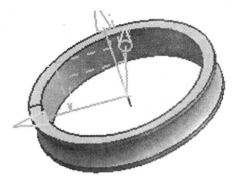，系统弹出"创建草图"对话框，单击【确

定】按钮，绘制的草图如图 12-12 所示，单击【完成草图】按钮 完成草图 返回建模模式。

（6）建立拉伸体。单击【插入】→【设计特征】→【拉伸】，或者单击图标 ，弹出"拉伸"对话框，设置拉伸参数：起始值为 – 5，结束值为 5，布尔运算为求和，单击【确定】按钮，则拉伸体已被建立，如图 12-13 所示。

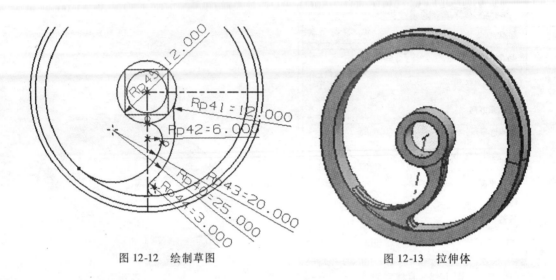

图 12-12 绘制草图　　　　　　　　　图 12-13 拉伸体

（7）建立阵列特征。单击【插入】→【关联复制】→【实例特征】，或单击图标 ，系统弹出如图12-14所示的"实例"对话框，选择"圆形阵列"，系统弹出如图12-15 所示的对话框，选择阵列对象为上一步建立的拉伸体"Extrude（11）"，单击【确定】，在图 12-16 所示对话框中选择阵列方法：常规，设置阵列参数：数量 4，角度 90，单击【确定】，系统弹出如图 12-17 所示对话框，选择"点和方向"。系统弹出如图 12-18 所示对话框，选择"Y"作为旋转轴，单击【确定】。选择（0，0，0）点作为参考点，单击【确定】。在图 12-19 中选择"是"，阵列特征创建好，如图 12-20 所示。

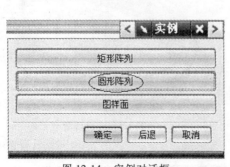

图 12-14 实例对话框

图 12-15 实例对话框

图 12-16　设置实例参数

图 12-17　实例对话框

图 12-18　指定阵列旋转轴

图 12-19　创建实例对话框

图 12-20　阵列特征

12.3　知识链接

管　道

管道主要用于根据一段空间曲线，创建一个管形的操作。管道的操作步骤如下。

(1) 单击"特征"工具栏上的【管道】按钮，弹出"管道"对话框，如图 12-21 所示。

图 12-21 管道对话框

（2）在对话框中输入外径和内径的值，选择布尔操作方法，设置"单段"或"多段"。

（3）选择曲线。

（4）单击【应用】或【确定】按钮完成边倒圆。

"外径"选项用于设置管道的外径，其值必须大于 0，"内径"选项用于设置管道内径，其值大于 0。

"设置"选项用于设置管道表面的类型，选定的类型不能在编辑中被修改。"多段"选项用于设置管道表面为多段面的复合面，"单段"选项用于设置管道表面有一段或两段表面，且均为 B 一样条曲面，当内半径等于 0 时只有一段表面。

12.4 课后练习

创建三维造型，尺寸如图 12-22 所示。

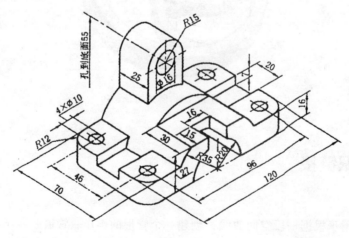

图 12-22

项目 13 轴 瓦 造 型

【项目要求】

创建轴瓦模型。图形尺寸如图 13-1 所示，最终效果如图 13-2 所示。

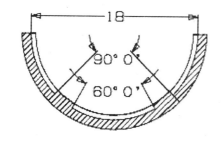

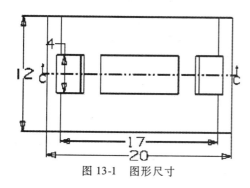

图 13-1 图形尺寸

图 13-2 最终效果

【学习目标】

● 掌握旋转功能的基本方法及起始角度的设定。

● 了解和使用布尔操作运算选项。

● 了解镜像特征的一般操作方法。

【知识重点】

旋转截面、旋转轴、旋转角度的限制。

【知识难点】

旋转截面的选定；旋转角度的限制。

13.1 设计思路

设计思路如图 13-3 所示。

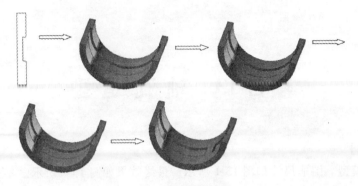

图 13-3　设计思路

13.2　操作步骤

13.2.1　新建文件

（1）单击【文件】→【新建】，或者单击图标 ，出现"新部件文件"对话框，输入文件名"Zhouwa"，选择毫米为单位，点击【确定】按钮，即可建立文件名为"Zhouwa. prt"、单位为"毫米"的文件。

（2）单击【开始】→【建模】，或者单击图标 ，进入建模模块。

13.2.2　建立模型

（1）单击【插入】→【草图】，或单击图标 ，系统弹出如图 13-4 所示的【创建草图】对话框，单击【确定】按钮，选用默认的草图平面。

（2）单击【插入】→【配置文件】，或单击图标 ，系统弹出如图 13-5 所示的"配置文件"对话框，选择"直线"、"坐标模式"即可绘制草图。

图 13-4　创建草图对话框

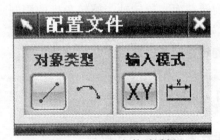

图 13-5　配置文件对话框

（3）绘制如图 13-6 所示的草图。

（4）单击图标 ，系统弹出"尺寸"对话框如图 13-7，草图按图 13-8 给出的尺寸标注。

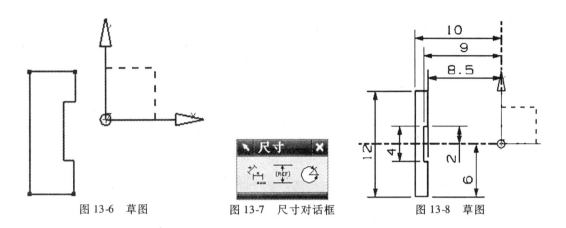

图 13-6　草图　　　　　　图 13-7　尺寸对话框　　　　　　图 13-8　草图

（5）单击图标 完成草图，完成草图操作。

（6）单击图标 ，系统弹出如图 13-9 所示的"回转"对话框，选择上步所作草图作为"截面"，指定矢量为"Y 轴"，在对旋转角度进行限制时，按图所示值给出。开始角度为 0，终点角度为 −180。单击【确定】按钮，完成回转操作，如图 13-10 所示。

图 13-9　回转对话框

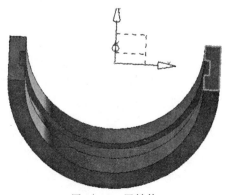

图 13-10　回转体

（7）单击【格式】→【移动至层】，或者单击图标 ⬚，弹出"类选择"对话框，选择曲线后，单击【确定】按钮，弹出"图层移动"对话框，在"目标图层或类别"中输入 21，单击"确定"按钮，即将草图移至 21 层中。

（8）单击【插入】→【草图】，或单击图标 ⬚，系统弹出如图 13-4 所示的"创建草图"对话框，单击【确定】按钮，选用默认的草图平面。

（9）单击【插入】→【配置文件】，或单击图标 ⬚，系统弹出如图 13-11 所示的"配置文件"对话框，选择"直线""坐标模式"即可绘制草图，单击图标 ⬚，对草图进行约束，使矩形的四条边分别与图层 21 中草图外形共线。

（10）单击图标 ⬚，系统弹出如图 13-12 所示的"回转参数设置"对话框，选择上步所作草图作为"截面"，指定矢量为"Y 轴"，在对旋转角度进行限制时，按图所示值给出。开始角度为 -45，终点角度为 -60，并选择"布尔"操作为"求和"，单击【确定】按钮，完成回转操作。结果如图 13-13 所示。

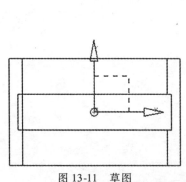

图 13-11　草图

图 13-12　回转参数设置

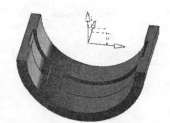

图 13-13　回转体

（11）单击【格式】→【移动至层】，或者单击图标 ⬚，弹出"类选择"对话框，选择第 10 步所作曲线后，单击【确定】按钮，弹出"图层移动"对话框，在"目标图层或类别"中输入 22，单击"确定"按钮，即将草图移至 22 层中。

（12）单击【插入】→【关联复制】→【镜像特征】，或单击图标 ⬚，系统弹出如图 13-14 所示的【镜像特征】对话框，选择第 10 步所作特征，选择 YC – ZC 面作为镜像平面，单击【确定】按钮，完成镜像操作。结果如图 13-15 所示。

图 13-14 镜像特征对话框

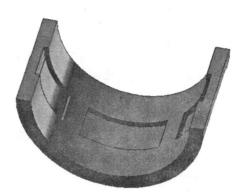

图 13-15 镜像结果

【技巧提示】本例题巧妙地运用了旋转命令中对起始、终点角度的限制,从而避免了在 90°角度上做基准面的麻烦。

13.3 知识链接

回 转

回转是指通过一个封闭截面线段绕着指定轴方向旋转一定角度而产生实体,旋转角度值小于或等于 360°。

1. 调用命令

(1) 菜单:在菜单栏中的【插入】菜单中选择【设计特征】菜单项,在该菜单项中选择【回转】子菜单项。

(2) 图标:单击【特征】工具条中的【回转体 】按钮。

2. 操作方法

单击【回转体】按钮后,在绘图区将会弹出【回转】对话框,如图 13-16 所示。开始步骤和拉伸实体方式相同,依据图框中命令的先后顺序,单击图标 选取截面线,或者通过单击图标 米绘制截面线。

回转对话框中一些选项的含义如下。

轴:通过定义轴和旋转角度来产生旋转体。单击对话框中指定矢量后图标 ,弹出如图 13-17 所示的对话框,或者单击自动判断矢量下拉箭头 ,弹出如图 13-18 所示菜单,从中选择回转矢量。NX5.0 的坐标系旋转法是采用右手定则,大拇指代表旋转轴,并指定轴方向,其余 4 个手指代表旋转方向。图 13-19 中的虚线所表示偏置的方向,起始角度是从选取的截面位置算起。

图 13-16　回转对话框中的所有选项　　图 13-17　回转矢量的选择　　图 13-18　回转矢量的选择

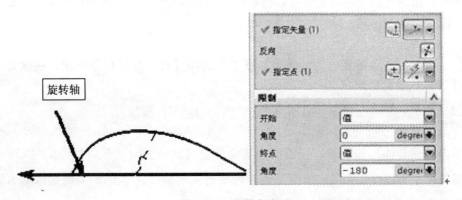

图 13-19　回转方向

　　限制：通过对旋转的起始角度及终止角度的定义，来对旋转体进行限制。限制的方法有如下几种。

　　（1）值：通过输入一固定值来对开始及终点角度进行限制。

　　（2）直至被选定对象：通过选定的对象来对开始及终点角度进行限制。

　　注意：截面曲线旋转产生旋转实体，采用的旋转法则是右手定则。

13.4 课后练习

创建三维造型，尺寸如图 13-20 所示。

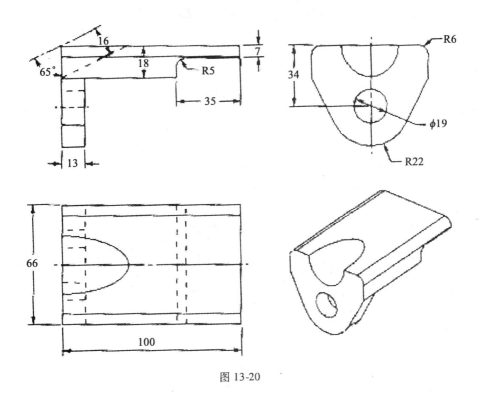

图 13-20

项目14 轴 造 型

【项目要求】
创建轴模型。图形尺寸如图 14-1 所示，最终效果如图 14-2 所示。

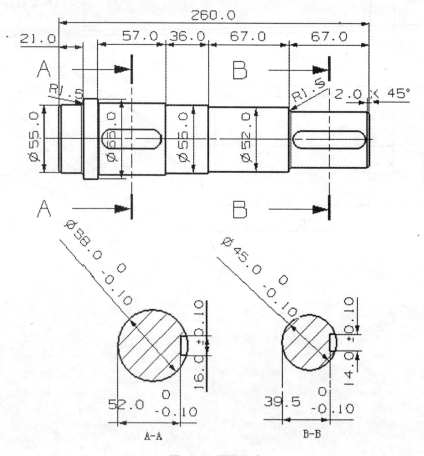

图 14-1　图形尺寸

【学习目标】
● 掌握实体建模中旋转、键槽、边倒圆等工具的用法。
【知识重点】
旋转、键槽、边倒圆操作选项。
【知识难点】
键槽的建立。

图 14-2　最终效果

14.1　设计思路

设计思路如图 14-3 所示。

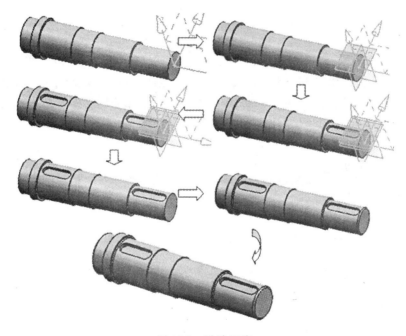

图 14-3　设计思路

14.2　操作步骤

14.2.1　新建文件

（1）单击【文件】→【新建】，或者单击图标，出现"文件新建"对话框，选择"模型"然后在"模板"内，选择"毫米"为单位，选择"模型"为模板类型。

（2）在新文件名中输入文件名"zhou"，然后选择文件所放置的位置，点击【确定】按钮，即可建立文件名为"zhou. prt"、单位为"毫米"的文件，并进入到建模模块。

14.2.2　模型的建立

（1）绘制草图。单击【草图】按钮，系统弹出"创建草图"对话框。单击【确定】按钮。绘制的草图如图14-4所示，单击【完成草图】按钮返回建模模式。

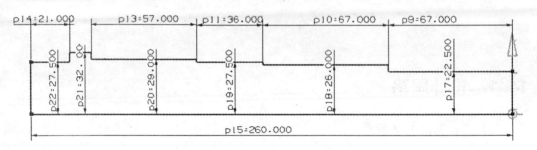

图 14-4　草图的绘制

（2）建立旋转体。单击【插入】→【设计特征】→【旋转】，或者单击图标，弹出"旋转"对话框，如图14-5所示。选择上步绘制的草图。单击【指定矢量】下拉菜单，选择"自动判断矢量"，然后选择图14-6所示直线作为回转轴。单击【确定】，生成回转体如图14-7所示。

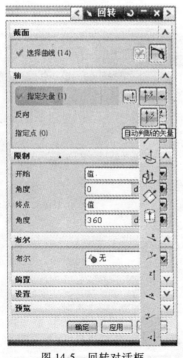

图 14-5　回转对话框

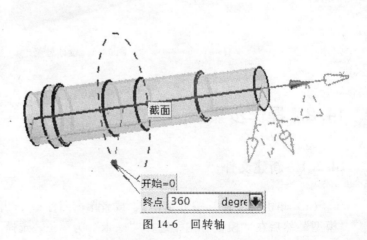

图 14-6　回转轴

图 14-7 生成的回转体

（3）建立基准面。单击【插入】→【基准/点】→【基准平面】，或单击图标 □ 系统弹出如图 14-8 所示的"基准平面"对话框。选择 XC—ZC 平面，输入距离"22.5"，然后单击【应用】，则与阶梯轴 φ45 段相切的基准平面已被建立；选择 YC－ZC 平面，输入距离"0"单击【应用】；再选择 XC-YC 平面，输入距离"0"，单击【确定】，分别建立了通过 YC-ZC 面和 XC-YC 面的基准平面，如图 14-9 所示。

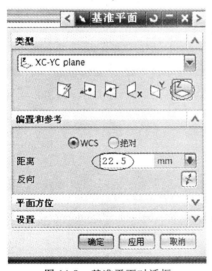

图 14-8 基准平面对话框

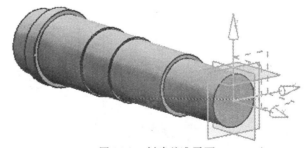

图 14-9 创建基准平面

（4）建立键槽。

①单击图标 ▨ ，弹出如图 14-10 所示的"键槽"对话框，选择"矩形键槽"，单击【确定】按钮。

②设置键槽放置平面。系统弹出选择键槽放置平面的选项，选择如图 14-11 所示的平面放置键槽。

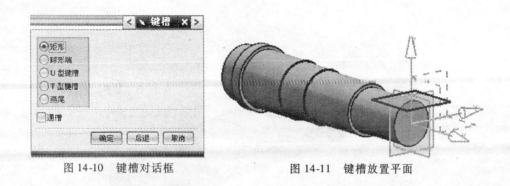

图 14-10 键槽对话框　　　　　　　　　图 14-11 键槽放置平面

③选择特征边。选中键槽放置平面后，弹出如图 14-12 所示的选择特征边对话框。选择"接收默认边"。

图 14-12 选择特征边对话框

④选择水平参照。系统弹出"水平参考"对话框，如图 14-13 所示，选择如图 14-14 所示的基准平面作为水平参照。

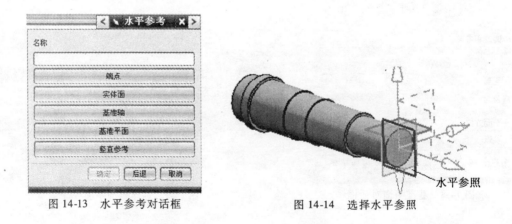

图 14-13 水平参考对话框　　　　　　　图 14-14 选择水平参照

⑤设置键槽参数。弹出如图 14-15 所示的"矩形键槽"对话框，设置键槽参数：长度"60"，宽度"14"，深度"5"。

⑥键槽的定位。在键槽参数对话框中单击"确定"按钮，弹出如图 14-16 所示键槽定位对话框。单击"直线至直线"按钮工，选择如图 14-17 所示的基准平面为目标边，然后选择

如图 14-18 所示的直线为工具边。再单击"按一定距离平行"按钮，选择如图 14-19 所示的基准平面为目标边，然后选择如图 14-20 所示的直线为工具边。在弹出的"创建表达式"对话框(见图 14-21)中输入"-33.5"，单击【确定】，得到键槽如图 14-22 所示。

图 14-15　矩形键槽对话框

图 14-16　键槽定位对话框

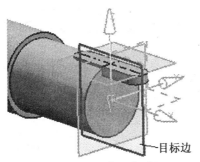

图 14-17　选择目标边

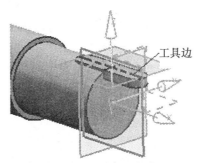

图 14-18　选择工具边

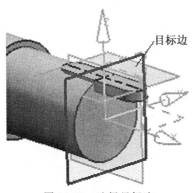

图 14-19　选择目标边

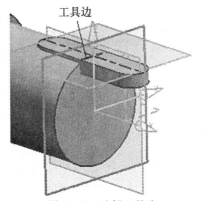

图 14-20　选择工具边

图 14-21　创建表达式对话框

图 14-22　创建键槽

（5）创建另一个键槽。与（4）步骤相同，如图 14-23 所示。

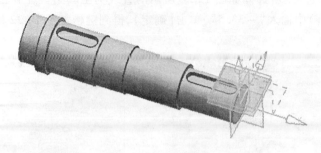

图 14-23　创建键槽

（6）隐藏参考。单击【编辑】→【显示和隐藏】→【隐藏】，或者单击图标，弹出如图 14-24 所示的"类选择"对话框，选择"类型过滤器"系统弹出如图 14-25 示的根据类型选择对话框，选择"草图"和"基准"，单击【确定】按钮，返回"类选择"对话框。选择对象中的"全选"单击【确定】按钮。则所有参考被隐藏，如图 14-26 所示。

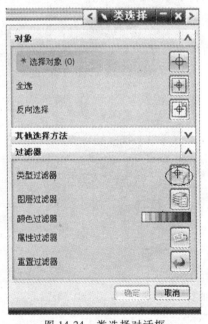

图 14-24　类选择对话框

图 14-25　根据类型选择对话框

（7）倒斜角。单击【插入】→【细节特征】→【倒斜角】，或者单击图标，弹出如图 14-27 所示的"倒斜角"对话框，选择图 14-28 所示要倒斜角的边，单击【确定】。

（8）边倒圆。单击【插入】→【细节特征】→【倒斜角】，或者单击图标，弹出如图 14-29 所示的"边倒圆"对话框，输入半径值"1.5"，选择图 14-30 所示的边，单击【确定】。最终结果如图 14-31 所示。

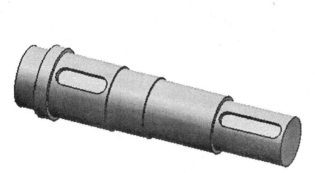

图 14-26　隐藏草图和基准

图 14-27　倒斜角对话框

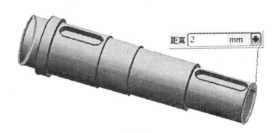

图 14-28　倒斜角的边

图 14-29　边倒圆对话框

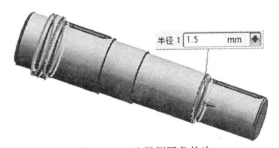

图 14-30　选择倒圆角的边

图 14-31　最终效果

14.3 课后练习

创建三维造型，尺寸如图 14-32 所示。

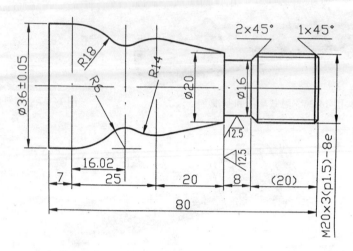

图 14-32

项目 15　端盖造型

【项目要求】

创建端盖模型。图形尺寸如图 15-1 所示，最终效果如图 15-2 所示。

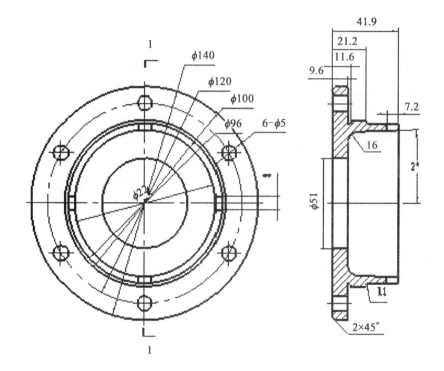

图 15-1　图形尺寸

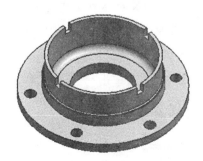

图 15-2　最终效果

【学习目标】

● 理解端盖造型的基本过程。

● 掌握实体建模中拉伸、圆柱、拔模等工具的用法。

● 了解和使用实例特征。

【知识重点】

多边形、圆、拉伸、圆台、倒斜角、螺纹、布尔操作选项

【知识难点】

曲线绘制中用点构造器确定点的坐标；布尔操作。

15.1 设计思路

设计思路如图 15-3 所示。

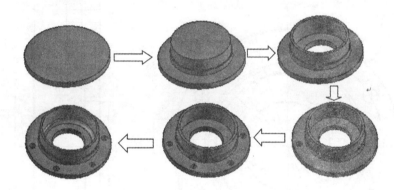

图 15-3 设计思路

15.2 操作步骤

15.2.1 新建文件

(1) 单击【文件】→【新建】命令，或者单击图标 ⬜，出现 "新部件文件" 对话框，输入文件名 "duangai"，选择毫米为单位，如图 15-4 所示，单击 确定 按键确定，建立文件名为 "duangai.prt"、单位为 "毫米" 的文件。

(2) 单击【起始】→【建模】，或者单击 ✎ 【建模】图标，进入建模模块。

15.2.2 利用堆积原理创建端盖主体

(1) 在 "特征" 工具条中单击 ▤ 【圆柱】命令，出现 "圆柱" 对话框见图 15-5。

(2) 在图 15-5 所示的对话框中 "轴" 标签下，设置圆柱矢量为 ↑，指定点为（0，0，0）或采用默认设置，圆柱直径为 140，高度为 9.6，单击 确定 按钮。

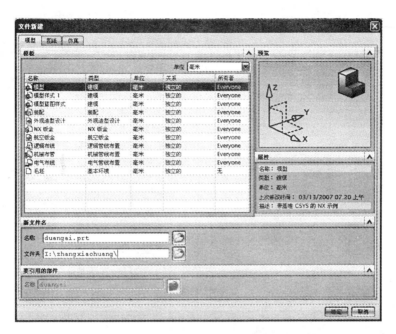

图 15-4 文件创建对话框

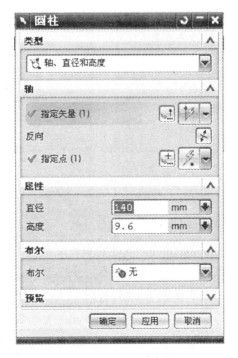

图 15-5 圆柱对话框

（3）再次单击 ▦【圆柱】命令，弹出"圆柱"对话框，同样的方式设置圆柱矢量为
▦，指定点设置在上步创建圆柱顶面的中心位置，如图 15-6 所示，圆柱直径为 96，高度

为 2，"布尔"标签选择 【求和】选项，结果如图 15-7 所示，最后单击 确定 按钮。

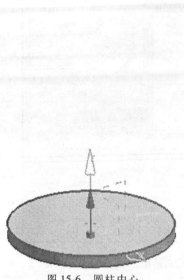

图 15-6　圆柱中心

图 15-7　圆柱参数设置

（4）同样方式依次在上步创建圆柱顶面中心创建 $\phi100$，高 9.6；$\phi96$，高 20.7 的圆柱，结果如图 15-8 所示。

（5）在"特征"工具条中单击命 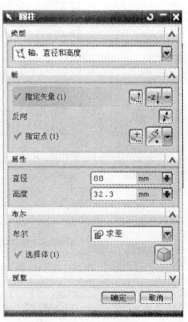【圆柱】命令，出现"圆柱"对话框，见图 15-9。

图 15-8　创建 $\phi100$ 的圆柱

图 15-9　圆柱对话框

（6）在图 15-9 所示的对话框中"轴"列表下，设置圆柱矢量为 ，指定点为上步创建顶面圆心，如图 15-10 所示，设置圆柱直径为 φ88，高度为 32.3，布尔标签选择 求差 选项，结果如图 15-11 所示，单击 确定 按钮。

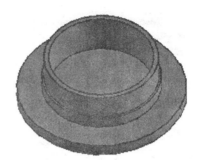

图 15-10 指定点位置　　　　　　图 15-11 φ88 圆柱求差结果

（7）再次单击 【圆柱】命令，弹出"圆柱"对话框，同样方式设置圆柱矢量为 ，指定点为上步创建顶面圆心，如图 15-12 所示，设置圆柱直径为 54，高度为 9.6，布尔标签选择 求差 选项，结果如图 15-13 所示，单击 确定 按钮。

图 15-12 圆柱中心　　　　　　图 15-13 圆柱参数设置

（8）单击【插入】→【设计特征】→【拉伸】命令，或在"特征"工具条中单击 【拉伸】图标，出现"拉伸"对话框，如图 15-14 所示。

（9）在图 15-14 所示的对话框中截面标签下单击【草图截面】图标，弹出"创建草图"对话框，如图 15-15 所示，在"平面选项"中选择"创建平面"选项，单击 确定 按钮，进入绘制草图环境。

图 15-14　拉伸对话框

图 15-15　创建草图对话框

（10）绘制截面轮廓，如图 15-16 所示。

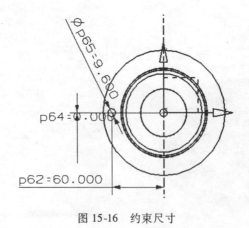

图 15-16　约束尺寸

（11）然后单击【完成草图】图标，退出草图环境。

（12）退回到"拉伸"对话框中，在"极限"标签下，设置开始值为 0，结束值为

10，"布尔"选项选择  求差 选项，其他参数如图 15-17 所示，最后单击 确定 按钮，创建模型如图 15-18 所示。

图 15-17　拉伸参数　　　　　　　　图 15-18　拉伸求差模型

（13）单击【插入】→【关联复制】→【引用特征】命令，或者在"特征操作"工具条中单击 【引用特征】图标，弹出"实例"对话框，如图 15-19 所示。

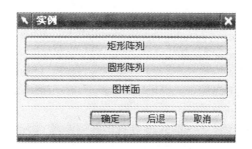

图 15-19　实例对话框

（14）在"实例"对话框中，选择"圆形阵列"选项，弹出"实例"过滤对话框，如图 15-20 所示。选择"拉伸（5）"即上步创建的特征，然后单击 确定 按钮，弹出"圆形阵列参数"对话框，设置阵列数量 6，角度 60，如图 15-21 所示，最后单击 确定 按钮。

图 15-20　实例过滤对话框

图 15-21　圆形阵列参数

（15）弹出"设置旋转轴"对话框，如图 15-22 所示，选择"点和方向"选项，在弹出的"矢量"对话框中设置矢量为 ZC 轴，然后单击 确定 按钮（见图 15-23）。

图 15-23　矢量对话框

图 15-22　旋转轴设置

（16）弹出"点构造器"对话框，设置圆形阵列参考点为绝对坐标系原点位置，结果如图 15-24 所示，连续两次单击 确定 按钮，用堆积木造型方法，创建端盖主体如图 15-25 所示。

图 15-24 圆形阵列参考点

图 15-25 端盖主体

15.2.3 创建拔模特征、棱边倒圆角和斜角

（1）单击【插入】→【细节特征】→【拔模】命令，或者在"特征操作"工具条中单击 【拔模】图标，弹出"拔模"对话框，如图 15-26 所示。

图 15-26 拔模对话框

（2）在"展开方向"标签下设置拔模方向为 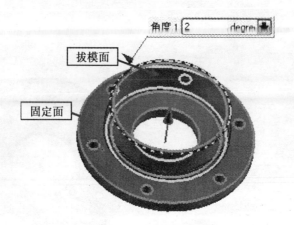，选择固定面和拔模面如图 15-27 所示，设置拔模角度为 2，最后，单击 确定 按钮创建拔模特征。

图 15-27　固定面和拔模面

（3）单击【插入】→【细节特征】→【倒斜角】命令，或者在"特征操作"工具条中单击 【倒斜角】图标，弹出"倒斜角"对话框，如图 15-28 所示。

图 15-28　倒斜角对话框

（4）设置倒斜角参数，横截面选择"对称"，距离设为 2，偏值方法选择"沿面偏置边"。选择倒角边如图 15-29 所示，单击 确定 按钮，结果如图 15-30 所示。

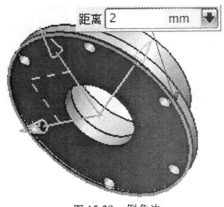

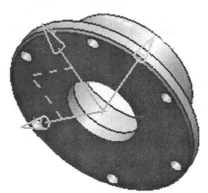

图 15-29　倒角边　　　　　　　　　　图 15-30　倒角结果

（5）单击【插入】→【细节特征】→【边倒圆】命令，或者在"特征操作"工具条中单击 ▨ 【边倒圆】图标，弹出"边倒圆"对话框，如图 15-31 所示。

图 15-31　边倒圆对话框

（6）设置倒圆半径为 1，其他参数采用默认设置，结果如图 15-31 所示。选择边倒圆如图 15-32 所示，在"边倒圆"对话框添加新集右侧单击 ⊞ 【添加新集】图标，然后再设置倒圆半径为 6，选择如图 15-32 所示边倒圆，最后单击 确定 按钮，结果如图 15-33 所示。

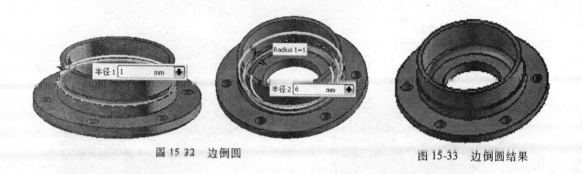

图 15-32　边倒圆　　　　　　　　　　图 15-33　边倒圆结果

15.2.4　创建槽

（1）单击【插入】→【设计特征】→【长方体】命令，或者在"特征操作"工具条中单击图标，弹出"长方体"对话框，设置长方体的长、宽、高分别是：100、8 和 7.2，布尔操作设为"求差"，如图 15-34 所示。

单击【点构造器】按钮，或单击图标，在弹出的对话框中设置参数如图 15-35 所示。单击【确定】，回到长方体对话框，再次单击【确定】，槽被创建，如图 15-36 所示。

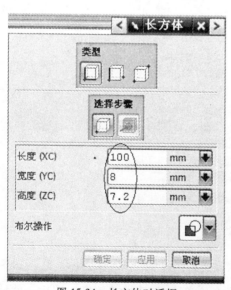

图 15-34　长方体对话框

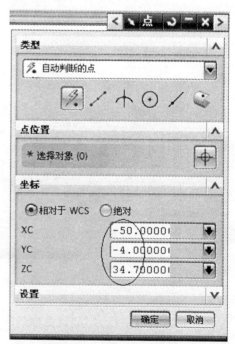

图 15-35　设置参考点坐标

（2）阵列特征。单击【插入】→【关联复制】→【引用特征】命令，或者在"特征操作"工具条中单击图标，弹出"实例"对话框。在"实例"对话框中，选择"圆形阵列"选项，弹出"实例过滤器"对话框，如图 15-37 所示。选择"Block（15）"，即上

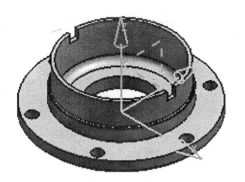

图 15-36 创建槽

步创建的特征，然后单击 确定 按钮，弹出"圆形阵列参数"对话框，设置阵列数量

2，角度 90，如图 15-38 所示，最后单击 确定 按钮。

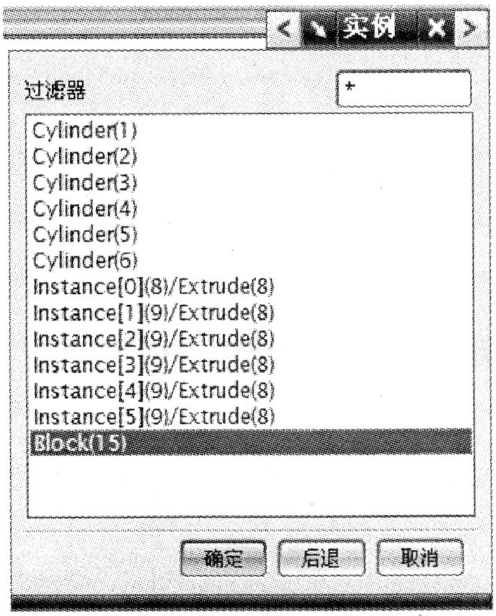

图 15-37 实例过滤器对话框

图 15-38 实例对话框

弹出"设置旋转轴"对话框，选择"点和方向"选项，在弹出的"矢量"对话框中
设置矢量为 ZC 轴，然后单击 确定 按钮。

弹出"点构造器"对话框，设置圆形阵列参考点为绝对坐标系原点位置，结果见图
15-39，单击 确定 按钮，在"创建实例"对话框中选择"是"选项，弹出"实例过滤
器"对话框，单击【取消】，退出实例特征，最终结果如图 15-39 所示。

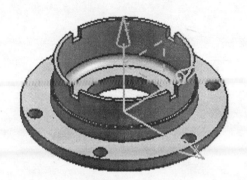

图 15-39　最终结果

【技巧提示】采用积木理论绘制零件主体，有时可起到事半功倍的效果。

15.3　课后练习

创建三维造型，尺寸如图 15-40 和图 15-41 所示。

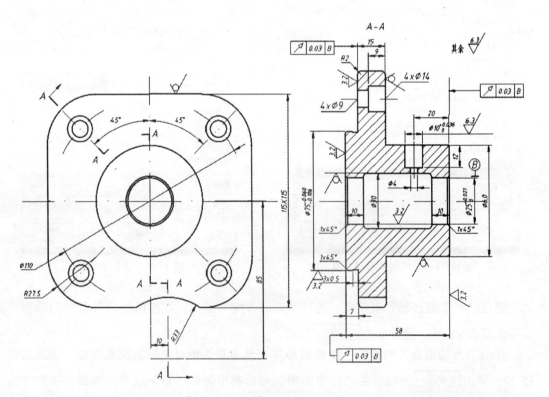

图 15-40

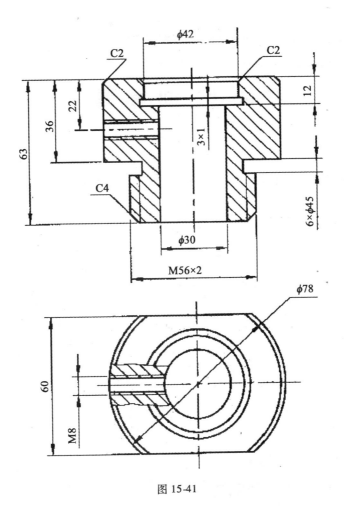

图 15-41

项目 16 油 标 造 型

【项目要求】

创建减速器轴模型。图形尺寸如图 16-1 所示，最终效果如图 16-2 所示。

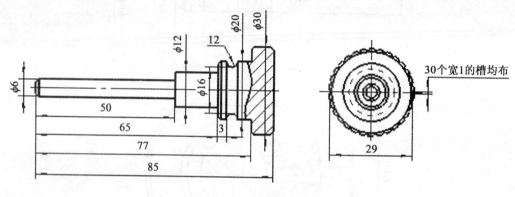

图 16-1 图形尺寸

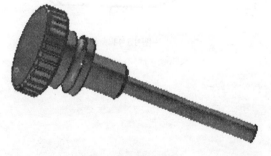

图 16-2 最终效果

【学习目标】

- 掌握草绘环境各命令使用。
- 掌握实体建模中拉伸、倒角等工具的用法。
- 了解、掌握使用实例特征命令。

【知识重点】

拉伸、布尔运算、倒角、实例特征等命令。

【知识难点】

拉伸裁剪命令的综合运用及实例特征。

16.1　设计思路

设计思路如图 16-3 所示。

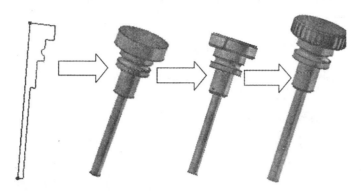

图 16-3　设计思路

16.2　操作步骤

16.2.1　新建文件

（1）单击【文件】→【新建】命令，或者单击图标 ⬜ ，出现"文件新建"对话框，输入文件名"luoshuan"，选择"毫米"为单位，点击 ▭ 确定 按键确定，建立文件名为"jiansuqizhou.prt"、单位为"毫米"的文件，如图 16-4 所示。

图 16-4　文件新建对话框

（2）单击【起始】→【建模】，或者单击 【建模】图标，进入建模模块。

16.2.2 旋转实体

（1）单击【插入】→【设计特征】→【回转】命令，或单击图标 ，出现"回转"对话框如图 16-5 所示。

（2）在图 16-5 所示的对话框中截面标签下单击 【草图截面】图标，弹出"创建草图"对话框，如图 16-6 所示，单击 确定 按钮，进入绘制草图环境。

图 16-5　回转对话框

图 16-6　创建草图对话框

（3）单击【插入】→【配置文件】，或在【草图曲线】工具条下单击 【配置文件】图标，出现"轮廓加工"标签（见图 16-7），设置"对象类型"、"输入模式"，如图 16-7 所示。

（4）绘制截面轮廓，如图 16-8 所示。

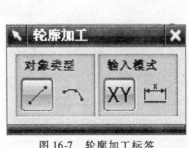

图 16-7　轮廓加工标签

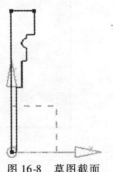

图 16-8　草图截面

（5）单击【工具】→【延迟草图评估】命令，或在【草图生成器】工具条下单击 【延迟评估】图标。

（6）单击【插入】→【尺寸】命令，或在【草图约束】工具条下单击 【自动判断】图标，为各尺寸添加尺寸约束，如图 16-9 所示。

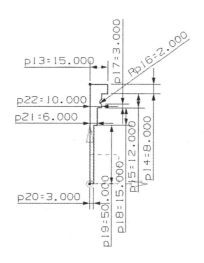

图 16-9　约束尺寸

（7）单击【工具】→【评估草图】命令，或在【草图生成器】工具条下单击 【评估草图】图标。

（8）单击 【完成草图】图标，退出草图环境。

（9）退回到【回转】对话框中，在【轴】标签下，设置指定矢量为 **Y**，指定点如图 16-10 所示。

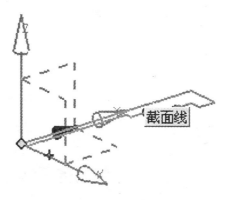

图 16-10　指定点

（10）设置"回转"对话框，如图 16-11 所示，然后单击 确定 按钮。生成旋转实体，如图 16-12 所示。

图 16-11　回转对话框

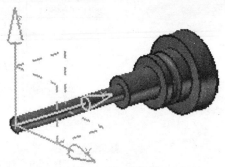

图 16-12　旋转体

16.2.3　棱边倒角

（1）单击【插入】→【细节特征】→【倒斜角】命令，或者在"特征操作"工具条中单击　【倒斜角】图标，弹出"倒斜角"对话框，如图 16-13 所示。

图 16-13　倒斜角对话框

（2）设置倒斜角参数，横截面选择"对称"，距离设为 1，偏值方法选择"沿面偏置边"。选择倒角边如图 16-14 所示，结果如图 16-15 所示。

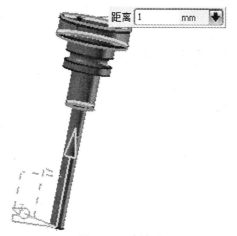

图 16-14　倒角边　　　　　　　　　　　　　　　　图 16-15　倒角结果

16.2.4　拉伸裁剪

（1）单击【插入】→【设计特征】→【拉伸】命令，或在"特征"工具条中单击 【拉伸】图标，出现"拉伸"对话框，如图 16-16 所示。

（2）在图 16-16 所示的对话框中截面标签下单击 【草图截面】图标，弹出"创建草图"对话框，如图 16-17 所示。在"草图平面"中选择"创建平面"选项，在"指定平面"选项中，选择 XC – ZC 平面，单击 确定 按钮，进入绘制草图环境。

图 16-16　拉伸对话框　　　　　　　　　　　图 16-17　创建草图对话框

（3）在草图环境中，创建草图截面，如图 16-18 所示。

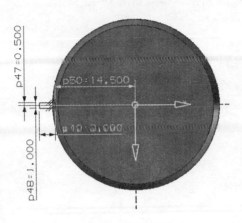

图 16-18　草图截面

（4）单击 【完成草图】图标，退出草图环境。

（5）退回到"拉伸"对话框中，在"极限"标签下，设置开始值为 0，结束值为 100，"布尔"选项选择 求差 选项，其他参数如图 16-19 所示，最后单击 确定 按钮，创建模型如图 16-20 所示。

图 16-19　拉伸参数

图 16-20　拉伸求差模型

（6）单击【插入】→【关联复制】→【引用特征】命令，或者在"特征操作"工具条中单击 ![] 【引用特征】图标，弹出"实例"对话框，如图16-21所示。

图16-21 实例对话框

（7）在"实例"对话框中，选择"圆形阵列"选项，弹出"实例过滤"对话框，如图16-22所示。选择"拉伸（5）"即上步创建的特征，然后单击 确定 按钮，弹出"圆形阵列参数"对话框，设置阵列数量30，角度12，结果如图16-23所示，最后单击 确定 按钮。

图16-22 实例过滤对话框

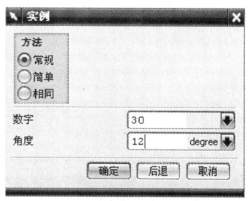

图16-23 圆形阵列参数

（8）弹出"设置旋转轴"对话框，如图16-24所示。选择"点和方向"选项，在弹出的"矢量"对话框中设置矢量为YC轴，如图16-25所示，然后单击 确定 按钮。

图 16-24　旋转轴设置

图 16-25　矢量对话框

（9）弹出"点构造器"对话框，设置圆形阵列参考点为绝对坐标系原点位置，结果如图 16-26 所示，连续两次单击 确定 按钮，创建结果如图 16-27 所示。

图 16-26　圆形阵列参考点

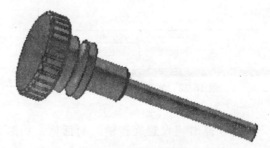

图 16-27　最终结果

16.3　课后练习

创建三维造型，尺寸如图 16-28 所示。

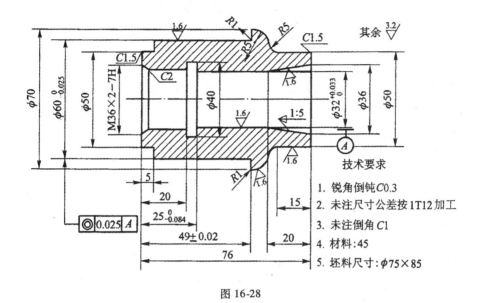

图 16-28

技术要求

1. 锐角倒钝 C0.3
2. 未注尺寸公差按 IT12 加工
3. 未注倒角 C1
4. 材料：45
5. 坯料尺寸：φ75×85

项目 17 矫形模造型

【项目要求】

创建矫形模模型。图形尺寸如图 17-1 所示，最终效果如图 17-2 所示。

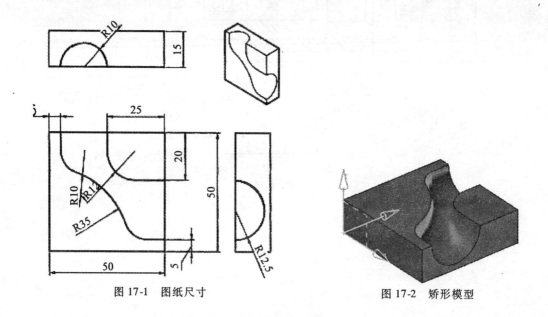

图 17-1 图纸尺寸　　　　　　　　　　图 17-2 矫形模型

【学习目标】

● 灵活掌握实体建模中坐标系变换。

● 掌握实体建模中块、扫掠特征、修剪体、图层设置等特征的用法。

【知识重点】

坐标系、曲线修剪、块、扫掠曲面、修剪体、图层设置等选项。

【知识难点】

曲线绘制中用点构造器确定点的坐标，布尔操作。

17.1 设计思路

设计思路如图 17-3 所示。

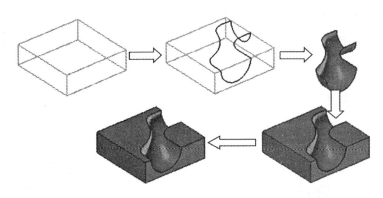

图 17-3　设计思路

17.2　操作步骤

17.2.1　新建文件

（1）单击【文件】→【新建】命令，或者单击图标，出现"文件新建"对话框，输入文件名"jiaoxingmo"，选择"毫米"为单位，如图 17-4 所示，点击 确定 按键确定，建立文件名为"jiaoxingmo.prt"、单位为"毫米"的文件。

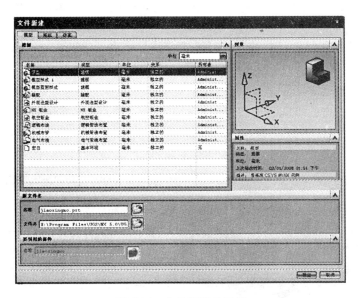

图 17-4　文件新建对话框

（2）单击【起始】→【建模】，或者单击 【建模】图标，进入建模模块。

17.2.2 创建长方体

在"特征"工具条中，单击【块】命令，出现"块"对话框如图 17-5 所示，设置长度（XC）为 50、宽度（YC）为 50、高度（ZC）为 15，单击 确定 按钮，结果如图 17-6 所示。

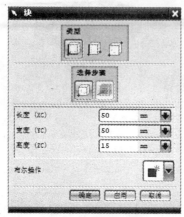

图 17-5 块对话框

图 17-6 长方体

17.2.3 创建空间曲线

（1）单击【格式】→【WCS】→【动态（D）】命令，将坐标系移至长方体左上角点，如图 17-7 所示。完成后按鼠标中键确认。

（2）单击【插入】→【曲线】→【基本曲线】命令，或者在"曲线"工具条中单击 【基本曲线】图标，如图 17-8 所示。

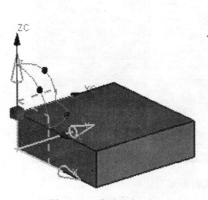

图 17-7 移动坐标系

图 17-8 基本曲线对话框

（3）利用"基本曲线"命令，绘制如图 17-9 所示的曲线。

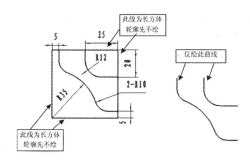

图 17-9 所绘曲线图

（4）单击【格式】→【WCS】→【动态（D）】命令，将坐标系移至长方体右下角点，并旋转至如图 17-10 所示。注意：此时不要按鼠标中键确认。

（5）然后单击 YC 方向箭头，使坐标系沿 YC 正方向移动 17.5，如图 17-11 所示。然后按鼠标中键确认。

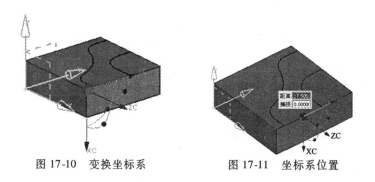

图 17-10 变换坐标系　　　　图 17-11 坐标系位置

（6）单击【插入】→【曲线】→【基本曲线】命令，或者在"曲线"工具条中单击 【基本曲线】图标，如图 17-12 所示。在工作坐标系原点位置绘制 $\phi25$ 曲线，并用实体轮廓修剪至如图 17-13 所示的效果。

图 17-12 基本曲线对话框

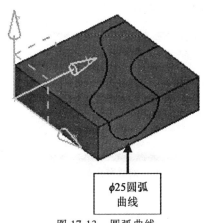

图 17-13 圆弧曲线

（7）单击【格式】→【WCS】→【动态（D）】命令，将坐标系移至长方体右上角点，并旋转至如图 17-14 所示。注意：此时不要按鼠标中键确认。

（8）单击 YC 方向箭头，使坐标系沿 YC 正方向移动 15，如图 17-15 所示。然后按鼠标中键确认。

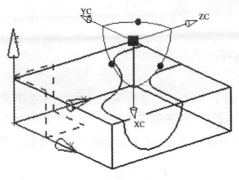

图 17-14　变换坐标系

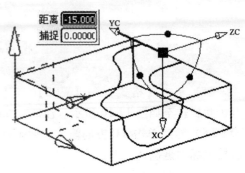

图 17-15　坐标系位置

（9）单击【插入】→【曲线】→【基本曲线】命令，或者在"曲线"工具条中单击 ❤️【基本曲线】图标，如图 17-16 所示。在工作坐标系原点位置绘制 φ25 曲线，并用实体轮廓修剪至如图 17-17 所示的效果。

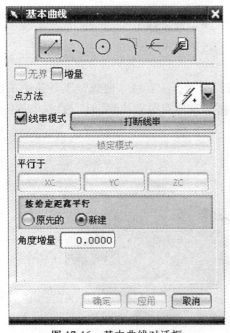

图 17-16　基本曲线对话框

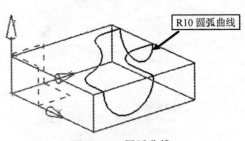

图 17-17　圆弧曲线

17.2.4　创建扫掠特征

（1）单击【插入】→【扫掠（W）】→【扫掠（S）】命令，或在"曲面"工具条中单击 ⟨⟩【扫掠】图标，出现"扫掠"对话框，如图 17-18 所示。

（2）选择截面曲线 1、2，如图 17-19 所示，注意每选择一个截面曲线按一次鼠标中键进行确认，并观察箭头方向是否一致，当所有截面曲线选择完毕后按一次鼠标中键进行确认。

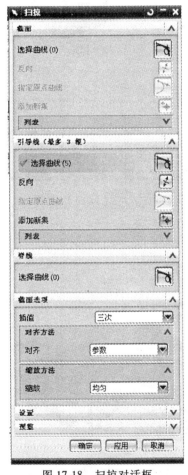

图 17-18　扫掠对话框

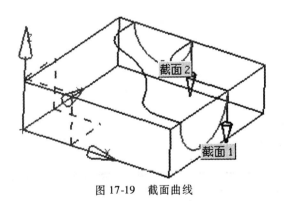

图 17-19　截面曲线

（3）截面曲线选择完毕后选择引导曲线 1、2，如图 17-20 所示，注意每选择一个截面曲线按一次鼠标中键进行确认，并观察箭头方向是否一致，当所有截面曲线选择完毕后按一次鼠标中键进行确认。

（4）截面曲线和引导曲线选择完毕后，单击 确定 按钮。生成扫掠特征如图 17-21 所示。

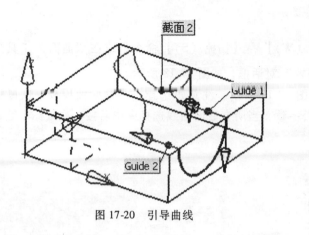

图 17-20 引导曲线

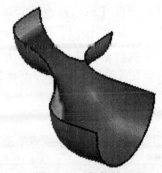

图 17-21 扫掠特征

17.2.5 修剪体特征

（1）单击【插入】→【修剪（T）】→【拉伸体（T）】命令，或在"特征操作"工具条中单击 🔲【修剪体】图标，出现"修剪体"对话框，如图 17-22 所示。

（2）选择创建长方体为目标体，选择完毕后按鼠标中键确认，然后选择上步创建的扫掠曲面为刀具，修剪方向如图 17-23 所示，若方向相反，单击 🔏【反向】图标。

图 17-22 修剪体对话框

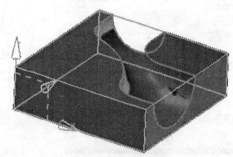

图 17-23 修剪方向

（3）最后单击 确定 按钮，修剪结果如图 17-24 所示。

（4）单击【格式】→【移动至图层】，弹出"类选择"对话框如图 17-25 所示，选择绘制的所有曲线和扫掠曲线，选择完毕后单击 确定 按钮，弹出"图层移动"对话框，如图 17-26 所示，在"目标图层或类别"输入 21，然后单击 确定 按钮。

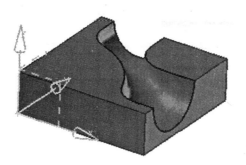

图 17-24　修剪结果

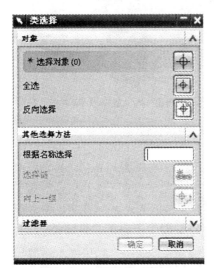

图 17-25　类选择对话框

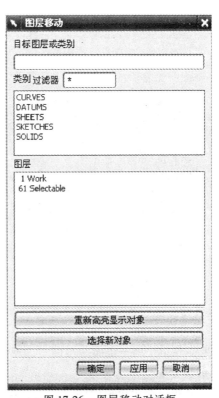

图 17-26　图层移动对话框

（5）单击【格式】→【图层设置】，弹出"图层设置"对话框如图 17-27 所示，在"图层/状态"标签中，选择 21 层，然后单击 可选择 按钮。最后单击 确定 按钮，结果如图 17-28 所示。

图 17-27　图层设置对话框

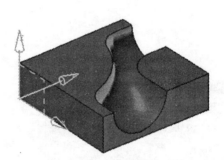

图 17-28　最终效果

17.3　知识链接

修剪体

修剪体是指使用一个面、基准平面或其他几何体修剪一个或多个目标体。

1. 调用命令

（1）菜单：在菜单栏中的【插入】菜单中选择【修剪】菜单项，在该菜单项中选择【修剪体】子菜单项。

（2）图标：单击【特征操作】工具条中的【修剪体 ⬚】按钮。

2. 操作方法

单击【修剪体】按钮后，在绘图区将会弹出【修剪体】对话框。步骤为先选取一个或多个目标实体，然后选择面、基准面或其他几何物体去修剪目标实体，最后选择修剪方向，如图 17-29 及图 17-30 所示。

图 17-29　修剪体对话框

图 17-30　定义修剪体参考平面

17.4　课后练习

创建三维造型，尺寸如图 17-31 和图 17-32 所示。

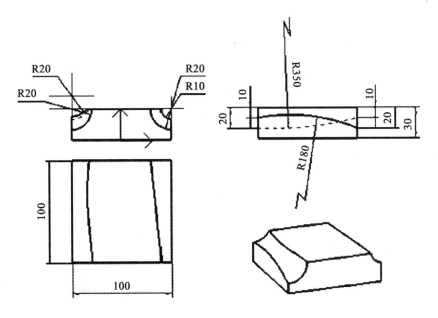

图 17-31

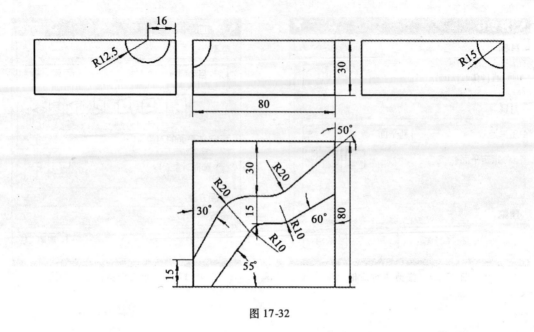

图 17-32

项目 18 蜗 杆 造 型

【项目要求】

创建蜗杆模型。最终效果如图 18-1 所示。

图 18-1 蜗杆

【学习目标】

- 掌握线框构图的基本方法及常用的曲线绘制工具。
- 掌握实体建模中扫掠、圆台等工具的用法。
- 了解和使用布尔操作运算选项。

【知识重点】

螺旋线、凸台、扫掠、布尔操作选项

【知识难点】

曲线绘制中用点构造器确定点的坐标；布尔操作。

18.1 设计思路

设计思路如图 18-2 所示。

图 18-2 设计思路

18.2 操作步骤

18.2.1 新建文件

（1）单击【文件】→【新建】，或者单击图标，出现"新部件文件"对话框，输入文件名"wogan"，选择"毫米"为单位，点击【确定】按钮，即可建立文件名为"wogan. prt"、单位为"毫米"的文件。

（2）单击【起始】→【建模】，或者单击图标，进入建模模块。

18.2.2 生成圆柱体

单击【插入】→【设计特征】→【圆柱体】，或单击图标，系统弹出如图 18-3 所示的"圆柱"对话框，输入"直径"为 96，"高度"为 200，单击对话框中，弹出如图 18-4 所示矢量对话框，选择 Z 轴后，单击【确定】按钮，退回到"圆柱"对话框，单击对话框中，弹出如图 18-5 所示点构造器对话框，将坐标"XC""YC""ZC"均设置为 0，单击【确定】按钮，退回到"圆柱"对话框，继续单击【确定】按钮，完成圆柱的操作，如图 18-6 所示。

图 18-3　圆柱对话框

图 18-4　矢量对话框

图 18-5　点构造器对话框

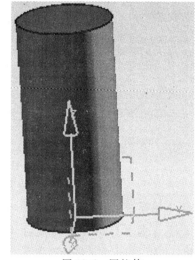

图 18-6　圆柱体

18.2.3　生成螺旋体

（1）单击【插入】→【草图】，或单击图标，系统弹出如图 18-7 所示的【创建草图】对话框，选择 XC‒ZC 基准面作为草绘面，单击【确定】按钮，视图转到草绘面。

（2）单击【插入】→【配置文件】，或单击图标，系统弹出如图 18-8 所示的"配置文件"对话框，选择"直线""坐标模式"即可绘制草图。

图 18-7　创建草图对话框

图 18-8　配置文件对话框

（3）绘制如图 18-9 所示草图，并对草图进行尺寸约束。

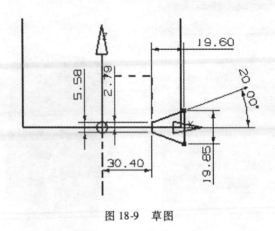

图 18-9　草图

（4）单击图标 泓 完成草图 ，完成草图操作。

（5）单击【插入】→【曲线】→【螺旋线】，或单击图标 ，系统弹出"螺旋线"对话框如图 18-10 所示，设置圈数为 5，螺距为 50.265，半径方式为恒半径 40，旋转方向为"右手"，单击【确定】按钮，生成如图 18-11 所示的图形。

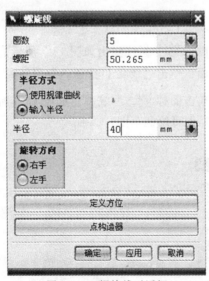

图 18-10　螺旋线对话框

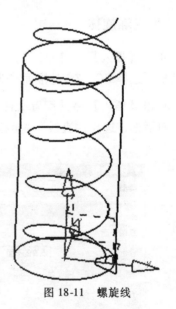

图 18-11　螺旋线

（6）单击【插入】→【扫掠】，或者单击图标 ，系统弹出"扫掠"对话框，如图 18-12 所示，按图 18-13 所示选择作为截面线及引导线串，将"扫掠"对话框中"定位方法"设置为"矢量方向"，如图 18-14 所示，并单击对话框中图标 ，选择 Z 轴作为矢量方向，单击【确定】扫掠生成实体。

图 18-12 扫掠对话框

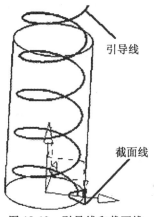

图 18-13 引导线和截面线

（7）单击【插入】→【组合体】→【求差】，或者单击图标，弹出"求差"对话框，如图 18-15 所示，选择圆柱体作为目标体，选择螺旋体作为刀具体，单击【确定】按钮，完成实体的求差。

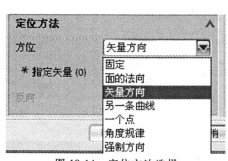

图 18-14 定位方法选择

图 18-15 求差对话框

（8）单击【插入】→【草图】，或单击图标品，系统弹出【创建草图】对话框，选择 XC－ZC 基准面作为草绘面，单击【确定】按钮，视图转到草绘面。绘制同上一个相同尺寸和 Z 轴对称的草图，如图 18-16 所示。

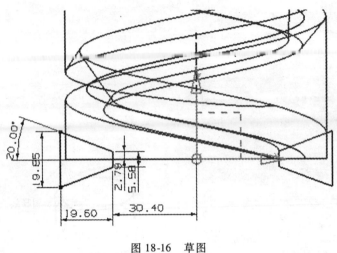

图 18-16　草图

（9）绘制完草图，单击"草图"工具栏中的"完成草图"按钮 ⚙ 完成草图，返回到建模环境下。

（10）选中第一条螺旋线，单击右键，系统弹出如图 18-17 所示的对话框，选择"变换"选项，弹出"变换"对话框，如图 18-18 所示。单击对话框中的"绕直线旋转"按

图 18-17　快捷菜单

图 18-18　变换对话框

钮，弹出"变换"对话框，如图18-19所示，单击对话框中的"点和矢量"按钮，弹出"点构造器"对话框，如图18-20所示。单击对话框中的【确定】按钮，即直线以默认方法通过（0，0，0），弹出"矢量构造器"对话框，如图18-21所示，单击对话框中的ZC按钮，即以Z轴为旋转轴。单击对话框中的【确定】按钮，弹出如图18-22所示的对话框，输入"180"作为螺旋线的旋转角度，单击【确定】按钮，弹出"变换"对话框，如图18-23所示。单击对话框中的"复制"按钮，即可创建另一条螺旋线，如图18-24所示。

图18-20　点构造器

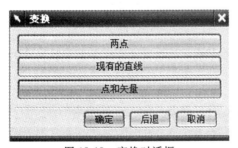

图18-19　变换对话框

图18-21　矢量对话框

图18-22　线直线旋转的角度

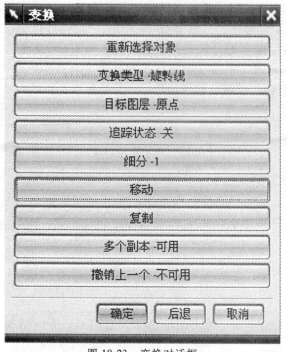

图 18-23 变换对话框

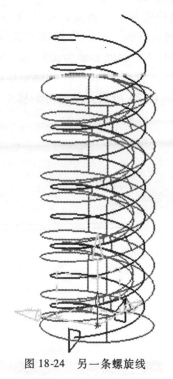

图 18-24 另一条螺旋线

（11）重复上述沿螺旋线扫掠操作，对圆柱体求差，结果如图 18-25 所示。

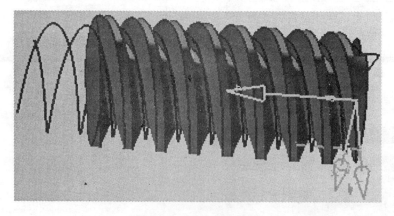

图 18-25 扫掠求差结果

（12）隐藏螺旋线和剖面线，如图 18-26 所示。

18.2.4 生成圆台

（1）单击图标 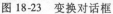，弹出"凸台"对话框，如图 18-27 所示，将"直径"设置为 60，"高度"设置为 60，"拔锥角"设置为 0。选择凸台的放置面，如图 18-28 所示，并定位凸台中心轴和圆柱中心一致，生成如图 18-29 所示凸台。

图 18-26　蜗杆主体

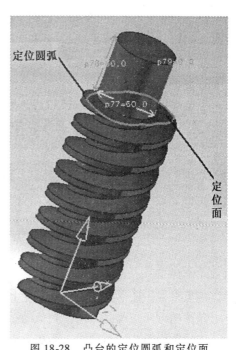

图 18-27　凸台对话框　　　　　　图 18-28　凸台的定位圆弧和定位面

（2）重复上述操作，在螺杆的另一侧创建一个相同尺寸的凸台，结果如图 18-30 所示。

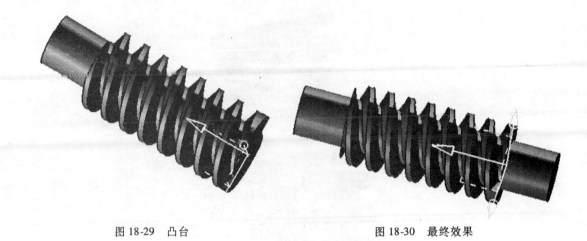

图 18-29　凸台　　　　　　　　　　　图 18-30　最终效果

18.3　知识链接

扫　掠

扫掠是指截面线沿着一条连续线或边缘线的引导线所扫掠成的实体或壳体特征。

1. 调用命令

（1）菜单：在菜单栏中的【插入】菜单中选择【设计特征】菜单项，在该菜单项中选择【扫掠向导】子菜单项。

（2）图标：单击【成形特征】工具条中的【沿导线扫掠 】按钮。

2. 操作方法

单击【沿引导线扫掠】按钮后，在绘图区将会弹出"沿引导线扫掠"对话框，如图18-31 所示。先选择截面线，然后选引导线，并指定扫掠方向，最后键入偏置值。

图 18-31　沿引导线扫掠对话框

一般来说，任何类型的曲线都可以作为引导线，系统以扫掠的方式产生这一部分实体，扫掠的方向是线的方向，扫掠的距离是线的长度，如图18-32 所示。

一般圆弧形状的引导线，系统会以旋转的方式产生旋转体，旋转轴位于圆心上，旋转的角度是圆弧起点及终点所构成的夹角。如果沿一条封闭且具有尖角的引导线扫掠时，建议不要将截面线放置在尖角角落的地方。如图18-33 所示。

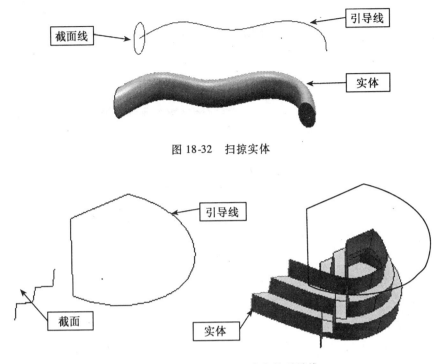

图 18-32 扫掠实体

引导线

截面

实体

图 18-33 具有圆弧形和尖角的引导线

18.4 课后练习

创建三维造型，尺寸如图 18-34 所示。

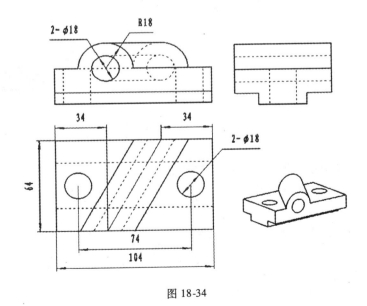

图 18-34

项目19 球形支座造型

【项目要求】

创建轴瓦模型。图形尺寸如图 19-1 所示，最终效果如图 19-2 所示。

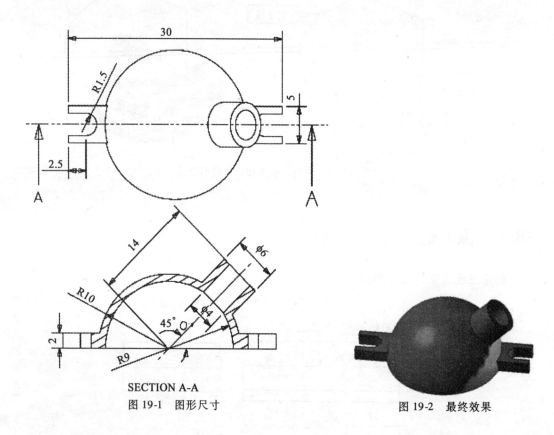

SECTION A-A

图 19-1 图形尺寸

图 19-2 最终效果

【学习目标】

● 掌握实体建模中拉伸、球、孔、基准面、镜像特征、键槽等工具的用法。

● 了解和使用布尔操作运算选项。

【知识重点】

球、抽壳、基准面、修剪体。

【知识难点】

键槽特征的建立

19.1　设计思路

设计思路如图 19-3 所示。

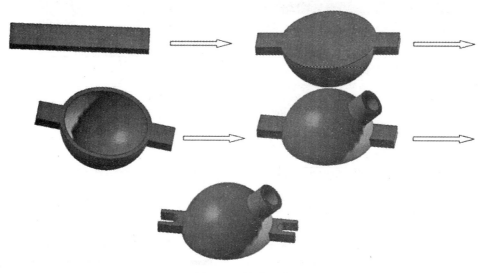

图 19-3　设计思路

19.2　操作步骤

19.2.1　新建文件

（1）单击【文件】→【新建】，或者单击图标 ▢，出现"新部件文件"对话框，输入文件名"qiuxingzhizuo"，选择"毫米"为单位，点击【确定】按钮，即可建立文件名为"qiuxingzhizuo. prt"、单位为"毫米"的文件。

（2）单击【开始】→【建模】，或者单击图标 🖢，进入建模模块。

19.2.2　拉伸长方体

（1）单击【插入】→【曲线】→【矩形】，或单击图标 ▢，系统弹出如图 19-4 所示的"点"对话框，输入起点坐标为（-15, 2.5, 0），单击【确定】按钮，输入终点坐标为（15, -2.5, 0），单击【确定】按钮，继续单击【取消】按钮，完成矩形的绘制。

（2）单击【插入】→【设计特征】→【拉伸】，或者单击图标 ▢，弹出"拉伸"对话框，如图 19-5 所示，在图 19-5 中设定"开始""距离"值为 0，设定"终点""距离"值为 2，单击【确定】按钮，完成长方体的拉伸。

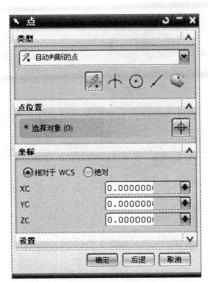

图 19-4　点对话框

图 19-5　拉伸对话框

19.2.3　半球体建模

（1）单击图标 ，系统弹出如图 19-6 所示的"球"对话框，选择"直径，圆心"，弹出如图 19-7 所示的"球"对话框，将"直径"值更改为"20"后，单击【确定】，弹出"点"对话框，将对话框中坐标值"XC""YC""ZC"均设置为"0"后，单击【确定】，弹出"布尔运算"对话框，如图 19-8 所示，选择"求和"选项。单击【取消】完成球体的建模。

图 19-6　球对话框

图 19-7　球参数设置

（2）单击图标，系统弹出如图 19-9 所示的"修剪体"对话框，选择实体作为"目标体"，选择"XY"平面作为"工具面"，单击【确定】按钮，完成实体的修剪。

注意：修剪时，确定 Z 轴正方向部分实体作为保留部分。

（3）单击图标，系统弹出如图 19-10 所示的"抽壳"对话框，选择实体平面作为

图 19-8 布尔参数对话框

"要冲孔的面","厚度"设置为"1","备选厚度"设置为"2",选择球形两端矩形上平面作为"备选厚度"平面,单击【确定】,完成实体的抽壳。

图 19-9 修剪体对话框

图 19-10 抽壳对话框

19.2.4 生成凸台

(1) 单击【插入】→【基准/点】→【基准平面】,或者单击图标,弹出"基准平面"对话框,如图 19-11 所示,选择坐标系的"Y"轴及"XY"平面作为基准面的参考面,并将"角度值"设置为"135","平面方位"选择为"反向",单击【确定】,完成基准面。

(2) 单击【插入】→【基准/点】→【基准平面】,或者单击图标,弹出"基准平面"对话框,选择上步所作基准面作为参考面,并将"距离"值更改为 14,单击【确定】,完成基准面的操作。

(3) 单击【插入】→【草图】,或单击图标,系统弹出如图 19-12 所示的"创建

图 19-11　基准平面对话框

草图"对话框，选择上步所作基准面作为绘图平面，单击【确定】按钮。

图 19-12　创建草图对话框

　　(4) 单击【插入】→【圆】，或单击图标 ○，系统弹出如图 19-13 所示的"圆"对话框，选择"中心和半径"、"坐标模式"即可绘制草图、绘制圆，给出半径为 6，并将圆心约束至坐标系的原点上。单击图标 完成草图，完成草图操作。

　　(5) 单击【插入】→【设计特征】→【拉伸】，或者单击图标，弹出"拉伸"对话框，在图框中设定"开始""距离"值为 0，设定"终点"选项为"直至被选定对象"，选择球面为选定对象，布尔选项中设置为"求和"选项，单击【确定】按钮，完成凸台的拉伸。

　　(6) 单击【插入】→【设计特征】→【孔】，或者单击图标，弹出"孔"对话框，如图 19-14 所示，在图框中设定"类型"为"简单"，设定"直径"为 4，选择凸台顶面为孔放置面，通过面为"XY"平面，单击【确定】按钮，弹出"定位"对话框，如图 19-15 所示。选择"点到点"选项，弹出"点到点"对话框，选择凸台外圆，弹出"设置圆弧的位置"对话框，如图 19-16 所示，单击【圆弧中心】，完成制孔操作。

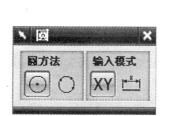

图 19-13　圆对话框

图 19-14　孔对话框

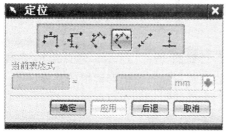

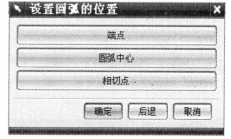

图 19-15　定位对话框

图 19-16　设置圆弧的位置对话框

19.2.5　生成键槽缺口

（1）单击图标 ，弹出"键槽"对话框，如图 19-17 所示，选择矩形后单击【确定】按钮，系统弹出"矩形键槽"对话框，如图 19-18 所示，选择"长方体"的上平面作为键槽的放置平面，如图 19-19 所示，系统弹出"水平参考"对话框，选择"X"轴作为水平参考，弹出"矩形键槽"对话框，如图 19-20　所示，按图示值给出矩形的"长度"、"宽度"、"深度"，单击【确定】，弹出"定位"对话框，选择"直线到直线" 图标，作为键槽的定位方式，选择坐标系的"X"轴作为矩形键槽长度方向中心线的基准线，选择长方体与"Y"轴平行的边缘作为矩形键槽宽度方向中心线的基准线，矩形键槽就定位到长方体的上平面，单击【取消】，完成键槽操作。

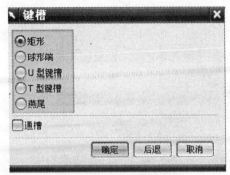

图 19-17　键槽对话框

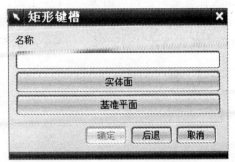

图 19-18　矩形键槽对话框

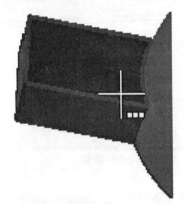

图 19-19　键槽的放置平面

图 19-20　矩形键槽对数设置

（2）单击图标 🔳，弹出"镜像特征"对话框，如图 19-21 所示，选择矩形键槽后，选择"YZ"平面作为镜像平面，单击【确定】，完成另一方向的矩形键槽的建模。

图 19-21　镜像特征对话框

19.3 课后练习

创建三维造型，尺寸如图 19-22 和图 19-23 所示。

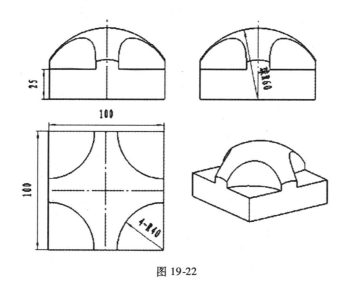

图 19-22

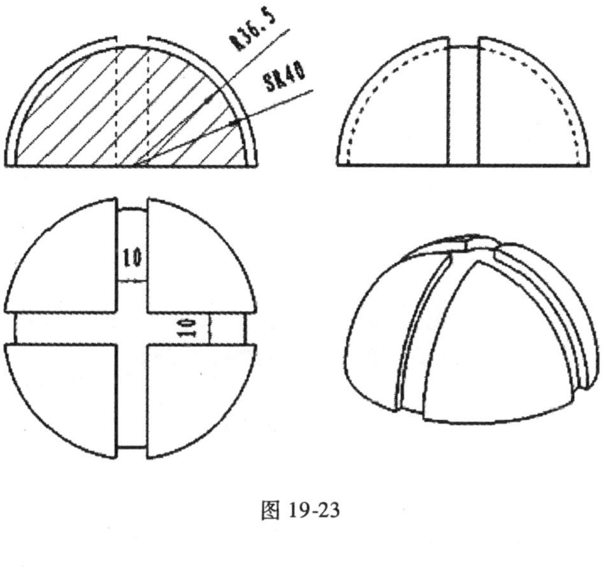

图 19-23

项目20 联杆造型

【项目要求】

创建联杆模型。图形尺寸如图20-1所示，最终效果如图20-2所示。

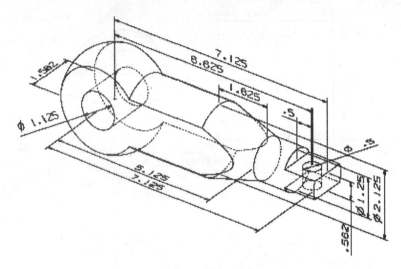

图 20-1 图形尺寸

图 20-2 最终效果

【学习目标】

● 掌握实体建模中拉伸、旋转、孔、修剪体、镜像特征等工具的用法。

● 了解和使用布尔操作运算选项。

【知识重点】

拉伸、旋转、修剪体、布尔操作选项。

【知识难点】

修剪体、镜像特征。

20.1 设计思路

设计思路如图 20-3 所示。

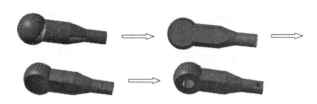

图 20-3 设计思路

20.2 操作步骤

20.2.1 新建文件

（1）单击【文件】→【新建】，或者单击图标 ，出现"新部件文件"对话框，输入文件名"liangan"，选择"英寸"为单位，点击【确定】按钮，即可建立文件名为"liangan. prt"、单位为"英寸"的文件。

（2）单击【起始】→【建模】，或者单击图标 ，进入建模模块。

20.2.2 生成旋转体

（1）单击【插入】→【草图】，或单击图标 ，系统弹出如图 20-4 所示的【创建草图】对话框，单击【确定】按钮，选择默认的 XY 面作为草绘平面。

（2）单击【插入】→【配置文件】，或单击图标 ，系统弹出如图 20-5 所示的"配置文件"对话框，选择"直线""坐标模式"即可绘制草图。

图 20-4 创建草图对话框

图 20-5 配置文件对话框

（3）绘制如图 20-6 所示的草图，并对草图进行尺寸约束。

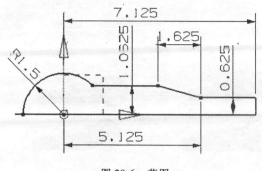

图 20-6　草图

（4）单击图标  **完成草图**，完成草图操作。

（5）单击图标 ，系统弹出如图 20-7 所示的"回转"对话框，选择上步所作草图作为"截面"，指定矢量为"X"轴。在对旋转角度进行限制时，按图所示数值给出。开始角度为 0，终点角度为 360。单击【确定】按钮，完成回转操作。

20.2.3　修剪旋转体

（1）单击【插入】→【基准/点】→【基准平面】，或者单击图标 ，弹出"基准平面"对话框，如图 20-8 所示，选择坐标系的"XZ"平面作为基准面的参考面，并将"距离"设置为"0.781"，单击【确定】完成基准面。

图 20-7　回转对话框

图 20-8　基准平面对话框

（2）单击图标 ▣ ，系统弹出如图20-9所示的"修剪体"对话框，选择实体作为"目标体"，选择"XY"平面作为"工具面"，单击【确定】完成实体的修剪。

（3）单击图标 ▣ ，弹出"镜像特征"对话框，如图20-10所示，选择上步修剪的特征，选择"XZ"平面作为镜像平面，单击【确定】，完成另一方向的修剪。

图20-9 修剪体对话框

图20-10 镜像特征对话框

（4）单击【插入】→【草图】，或单击图标 ▣ ，系统弹出的【创建草图】对话框，选择"XZ"平面作为草绘平面，单击【确定】。

（5）单击【插入】→【配置文件】，或单击图标 ▣ ，系统弹出"配置文件"对话框，选择"直线""坐标模式"即可绘制草图。

（6）绘制如图20-11所示草图，并对草图进行尺寸约束。

（7）单击图标 **完成草图** ，完成草图操作。

（8）单击【插入】→【设计特征】→【拉伸】，或者单击图标 ▣ ，弹出"拉伸"对话框，在图框中设定"开始"为"贯通"，设定"终点"选项为"贯通"，选择上步草图作为拉伸曲线，布尔选项中设置为"求差"选项，单击【确定】按钮，完成修剪。如图20-12所示。

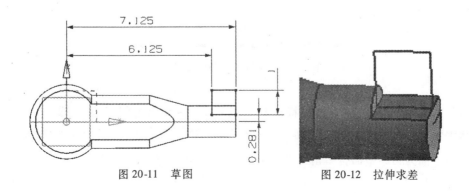

图20-11 草图　　　　　　　　　　图20-12 拉伸求差

（9）单击图标 ，弹出"镜像特征"对话框，选择上步修剪的特征，选择"XY"平面作为镜像平面，单击【确定】，完成另一方向的修剪。

20.2.4 制孔

（1）单击【插入】→【设计特征】→【孔】，或者单击图标 ，弹出"孔"对话框，如图 20-13 所示，在图框中设定"类型"为"简单"，设定"直径"为 1.125，选择球形端平面为孔放置面，通过面为另一平面。单击【确定】按钮，弹出"定位"对话框，如图 20-14 所示。选择"点到点"选项，弹出"点到点"对话框，选择外圆轮廓，弹出"设置圆弧的位置"对话框，如图 20-15 所示。单击"圆弧中心"完成制孔操作。

图 20-13　孔对话框

图 20-14　定位对话框

图 20-15　设置圆弧的位置对话框

（2）单击【插入】→【设计特征】→【孔】，或者单击图标 ，弹出"孔"对话框，在图框中设定"类型"为"简单"，设定"直径"为 0.5，选择圆柱形端平面为孔放置面，通过面为另一平面，单击【确定】按钮，弹出"定位"对话框。单击 选择"垂

直"选项，选择 X 轴，并将数值设置为 0，单击【应用】，选择 Y 轴，并将数值设置为
6.625，单击【确定】，后单击【取消】，完成孔操作。结果如图 20-16 所示。

图 20-16 完成图

20.3 课后练习

创造三维造型，尺寸如图 20-17 所示。

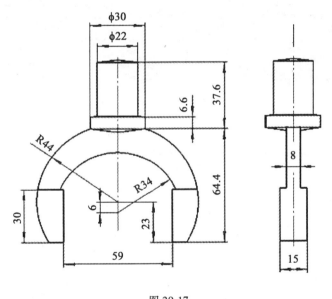

图 20-17

项目 21 减速器箱盖造型

【项目要求】

创建减速器箱盖模型。最终效果如图 21-1 所示。

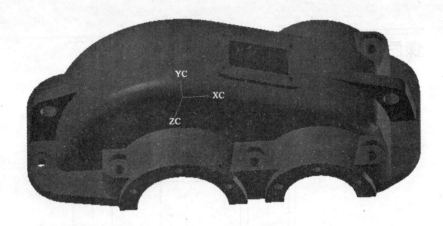

图 21-1

【学习目标】

● 掌握草图的绘制及草绘基本功能。

● 掌握实体建模中拉伸、圆台、孔及修剪等工具的用法。

● 了解和使用布尔操作运算、阵列选项。

【知识重点】

草图、拉伸、圆台、倒圆角、沉头孔、阵列、布尔操作选项。

【知识难点】

草图的约束，拉伸，拔模的方向的确定。

21.1 设计思路

设计思路如图 21-2 所示。

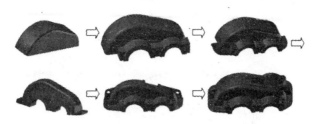

图 21-2　设计思路

21.2　操作步骤

21.2.1　新建文件

（1）单击【文件】→【新建】，或者单击图标 ⬜，出现"新部件文件"对话框，输入文件名"jiansuqixianggai"，选择"毫米"为单位，点击【确定】按钮，即可建立文件名为"jiansuqixianggai. prt"、单位为"毫米"的文件。

（2）单击【起始】→【建模】，或者单击图标 🖻，进入建模模块。

21.2.2　拉伸箱体

（1）单击【插入】→【草图】，或单击图标🔳，系统弹出如图 21-3 所示的【创建草图】对话框，单击【确定】按钮选择默认的 XY 面作为草绘平面。

（2）单击【插入】→【配置文件】，或单击图标🔽，系统弹出如图 21-4 所示的"配置文件"对话框，选择"直线""坐标模式"即可绘制草图。

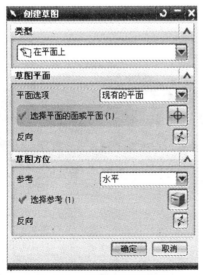

图 21-3　创建草图对话框

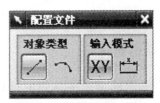

图 21-4　配置文件对话框

（3）绘制如图21-5所示的草图，并对草图进行尺寸约束。

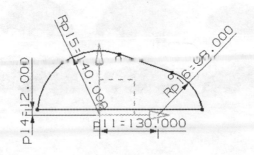

图21-5　草图

（4）单击图标 ■ 完成草图，完成草图操作。

（5）单击【插入】→【设计特征】→【拉伸】，或者单击图标 ■ ，弹出"拉伸"对话框，如图21-6所示。在图21-6中设定"开始""距离"值为0，"终点""距离"值为102。选择上步草图作为拉伸曲线，单击【确定】按钮，完成拉伸。结果如图21-7所示。

图21-6　拉伸对话框

图21-7　拉伸结果

21.2.3　修饰箱体

（1）单击图标 ■ ，系统弹出如图21-8所示的"边倒圆"对话框，选择实体两圆弧边作为要倒圆的边，"半径"设置为"14"，单击【确定】，完成实体的边倒圆。

（2）单击图标 ，系统弹出如图21-9所示的"抽壳"对话框，选择箱体下平面作为"要冲孔的面"，"厚度"设置为"8"，单击【确定】完成实体的抽壳。

图 21-8　边倒圆对话框　　　　　图 21-9　抽壳对话框

21.2.4　设置基准面

（1）单击【插入】→【基准/点】→【基准平面】，或者单击图标 □ ，弹出"基准平面"对话框，选择"YZ"平面作为参考面，并将"距离"值设置为130，单击【确定】完成基准面的操作。

（2）单击【插入】→【基准/点】→【基准平面】，或者单击图标 □ ，弹出"基准平面"对话框，选择"YZ"平面作为参考面，并将"距离"值设置为150，单击【确定】完成基准面的操作。

（3）单击【插入】→【基准/点】→【基准平面】，或者单击图标 □ ，弹出"基准平面"对话框，选择"XY"平面作为参考面，并将"距离"值设置为141.5，单击【确定】完成基准面的操作。

（4）单击【插入】→【基准/点】→【基准平面】，或者单击图标 □ ，弹出"基准平面"对话框，选择"XY"平面作为参考面，并将"距离"值设置为88.5，单击【确定】完成基准面的操作。

（5）单击【插入】→【基准/点】→【基准平面】，或者单击图标 □ ，弹出"基准平面"对话框，选择箱体两侧平面作为参考面，并将类型选项中设置为"二等分"，单击【确定】完成基准面的操作。

21.2.5　构建箱体侧面凸台草图

（1）单击【插入】→【草图】，或单击图标 ♣ ，系统弹出【创建草图】对话框，选择如图 21-10 所示的基准面作为草绘面，单击【确定】按钮，视图转到草绘面。

（2）单击【插入】→【配置文件】，或单击图标�，系统弹出"配置文件"对话框，选择"直线""坐标模式"即可绘制草图。

（3）绘制如图 21-11 所示的草图，并对草图进行尺寸约束。

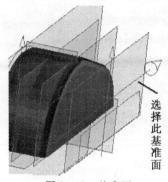

图 21-10　基准面

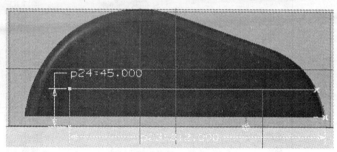

图 21-11　草图

（4）单击图标 完成草图，完成草图操作。

（5）单击【插入】→【草图】，或单击图标，系统弹出【创建草图】对话框，选择如图 21-12 所示基准面作为草绘面，单击【确定】按钮，视图转到草绘面。

（6）单击【插入】→【配置文件】，或单击图标，系统弹出"配置文件"对话框，选择"直线""坐标模式"即可绘制草图。

（7）绘制如图 21-13 所示的草图，并对草图进行尺寸约束。

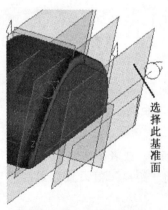

图 21-12　选择基准面

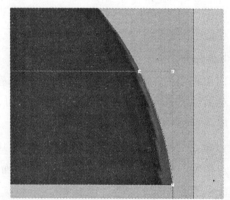

图 21-13　草图

（8）单击图标 完成草图，完成草图操作。

（9）单击【插入】→【草图】，或单击图标，系统弹出【创建草图】对话框，选择如图 21-12 所示基准面作为草绘面，单击【确定】按钮，视图转到草绘面。

（10）单击【插入】→【配置文件】，或单击图标，系统弹出"配置文件"对话框，选择"直线""坐标模式"即可绘制草图。

（11）绘制如图 21-14 所示的草图，并对草图进行尺寸约束。

（12）单击图标 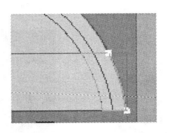 ，完成草图操作。

图 21-14 草图

21.2.6 拉伸箱体侧面凸台

（1）单击【插入】→【设计特征】→【拉伸】，或者单击图标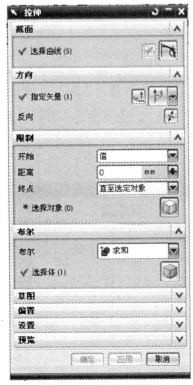，弹出"拉伸"对话框，如图 21-15 所示，在图 21-15 中设定"开始""距离"值为 0，"终点"设置为"直至被选定对象"。选择如图21-11所示草图作为拉伸曲线，选择箱体靠近草绘线的侧面作为终止面，单击【确定】按钮，完成拉伸。如图 21-16 所示。

图 21-15 拉伸对话框

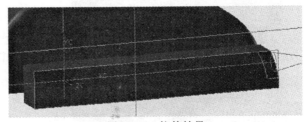

图 21-16 拉伸结果

（2）单击【插入】→【设计特征】→【拉伸】，或者单击图标⬚，弹出"拉伸"对话框，设定"开始""距离"值为0，"终点"设置为"直至被选定对象"。选择如图21-13所示草图作为拉伸曲线，选择如图21-17所示基准面作为终止面，单击【确定】按钮，完成拉伸。结果如图21-18所示。

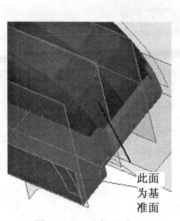

图 21-17　选择基准面

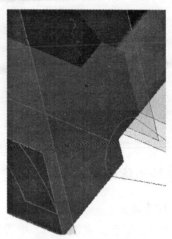

图 21-18　拉伸结果

（3）单击【插入】→【设计特征】→【拉伸】，或者单击图标⬚，弹出"拉伸"对话框，设定"开始""距离"值为0，"终点"设置为"直至被选定对象"。选择如图21-14所示草图作为拉伸曲线，选择如图21-17所示基准面作为终止面，单击【确定】按钮，完成拉伸。如图21-19所示。

（4）单击图标⬚，弹出"凸台"对话框，如图21-20所示，将"直径"设置为149.4，"高度"设置为47，"拔锥角"设置为5.7277。选择箱体侧面作为凸台放置面，单击【确定】，系统弹出"定位"对话框，如图21-21所示，将凸台中心定位到坐标系原点上，完成圆台的操作。

图 21-19　拉伸结果

图 21-20　凸台对话框

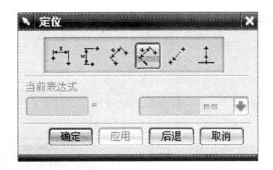

图 21-21　定位对话框

（5）单击图标 ▨ ，弹出"凸台"对话框，将"直径"设置为 129.4，"高度"设置为 47，"拔锥角"设置为 5.7277。选择箱体侧面作为凸台放置面，单击【确定】，系统弹出"定位"对话框，将凸台中心定位到箱体小端圆弧中心上，如图 21-22 所示，完成圆台的操作。

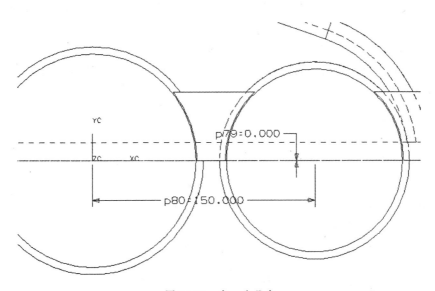

图 21-22　大、小凸台

（6）单击图标 ▨ ，系统弹出如图 21-23 所示的"修剪体"对话框，选择两凸台作为"目标体"，选择"XY"平面作为"工具面"，单击【确定】完成实体的修剪。如图21-24所示。

注意：修剪时，确定 Z 轴正方向部分实体作为保留部分。

图 21-23 修剪体对话框

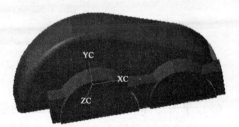

图 21-24 修剪结果

（7）单击【插入】→【设计特征】→【孔】，或者单击图标 ，弹出"孔"对话框，如图 21-25 所示，在图框中设定"类型"为"简单"，设定"直径"为100，选择凸台顶面为孔放置面，通过面为箱体内侧面，如图 21-26 所示，单击【确定】按钮，弹出"定位"对话框，如图 21-27 所示。选择"点到点"选项，弹出"点到点"对话框，选择凸台外圆，弹出"设置圆弧的位置"对话框，如图 21-28 所示，单击【圆弧中心】完成制孔操作。

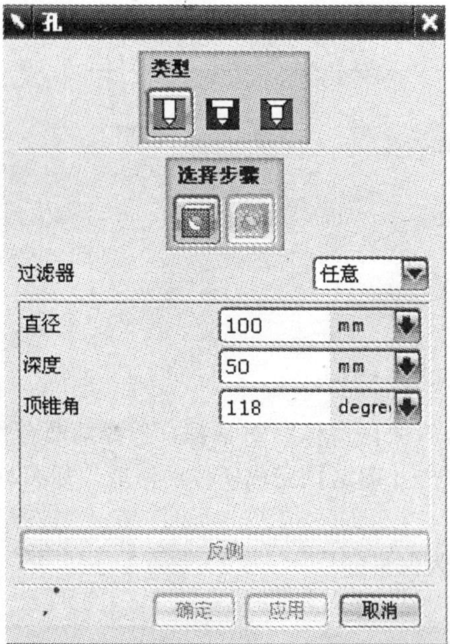

图 21-25 孔对话框

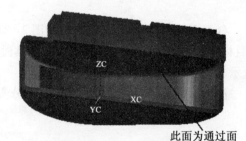

此面为通过面

图 21-26 孔通过面

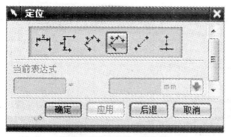

图 21-27　定位对话框

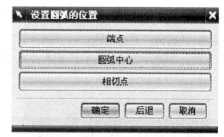

图 21-28　设置圆弧的位置对话框

（8）单击【插入】→【设计特征】→【孔】，或者单击图标 ，弹出"孔"对话框，在图框中设定"类型"为"简单"，设定"直径"为80，选择另一凸台顶面为孔放置面，通过面为箱体内侧面，单击【确定】按钮，弹出"定位"对话框。选择"点到点"选项，弹出"点到点"对话框，选择凸台外圆，弹出"设置圆弧的位置"对话框，单击"圆弧中心"完成制孔操作。

（9）单击图标 ，系统弹出"边倒圆"对话框，选择如图 21-29 所示的两边作为要倒圆的边，"半径"设置为"18"，单击【确定】，完成实体的边倒圆。

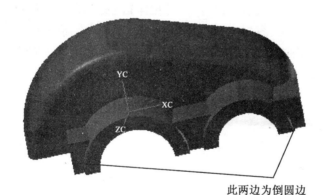

此两边为倒圆边

图 21-29　倒角边

21.2.7　拉伸箱体底面

（1）单击【插入】→【草图】，或单击图标 ，系统弹出的【创建草图】对话框，选择箱体底面作为草绘面，单击【确定】按钮视图转到草绘面。

（2）单击【插入】→【配置文件】，或单击图标 ，系统弹出"配置文件"对话框，选择"直线""坐标模式"即可绘制草图。

（3）绘制如图 21-30 所示草图，并对草图进行尺寸约束。

（4）单击图标 完成草图 ，完成草图操作。

（5）单击【插入】→【草图】，或单击图标 ，系统弹出【创建草图】对话框，同样选择箱体底面作为草绘面，单击【确定】按钮，视图转到草绘面。

（6）单击【插入】→【配置文件】，或单击图标 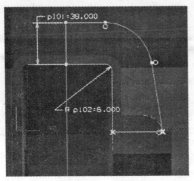，系统弹出"配置文件"对话框，选择"直线""坐标模式"即可绘制草图。

（7）绘制如图 21-31 所示草图，并对草图进行尺寸约束。

图 21-30　草图　　　　　　　　　　图 21-31　草图

（8）单击图标 ▨ 完成草图，完成草图操作。

（9）单击【插入】→【设计特征】→【拉伸】，或者单击图标▦，弹出"拉伸"对话框，如图 21-32 所示，在图 21-32 中设定"开始""距离"值为 0，"终点"设置为"直至被选定对象"。选择如图 21-33 所指草图作为拉伸曲线，选择"XY"面作为终止面，单击【确定】按钮，完成拉伸。

图 21-32　拉伸对话框

图 21-33　拉伸曲线

（10）单击【插入】→【设计特征】→【拉伸】，或者单击图标，弹出"拉伸"对话框，如图 21-34 所示，在图 21-34 中设定"开始""距离"值为 0，"终点"设置为"直至被选定对象"。选择如图 21-35 所指草图作为拉伸曲线，选择"XY"面作为终止面，单击【确定】按钮，完成拉伸。

图 21-34　拉伸对话框

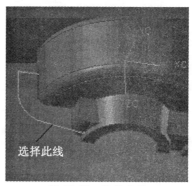

选择此线

图 21-35　拉伸曲线

21.2.8　修饰箱体侧凸台

（1）单击【插入】→【网格曲面】→【通过曲线组】，或者单击图标，弹出"通过曲线组"对话框，如图 21-36 所示，选择如图 21-37 所示的曲线作为两截面线串，单击【确定】完成曲面的创建。

（2）单击图标，系统弹出如图 21-38 所示的"修剪体"对话框，选择箱体作为"目标体"，选择如图 21-39 所示曲面作为"工具面"，单击【确定】完成实体的修剪。

注意：修剪时，确定 X 轴负方向部分实体作为保留部分。

（3）单击【插入】→【细节特征】→【拔模】，或者单击图标，弹出"拔模"对话框，如图 21-40 所示，指定 Y 轴正方向为拔模方向，XY 面为固定平面，指定如图 21-41 所示面为拔模面，拔模角度设置为 2.86，单击【确定】完成实体的拔模。

图 21-36　通过曲线组对话框

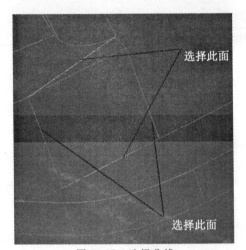

图 21-37　选择曲线

图 21-38　修剪体对话框

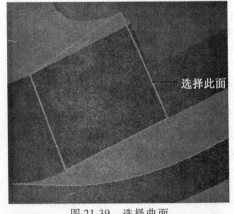

图 21-39　选择曲面

（4）单击图标 ，系统弹出"边倒圆"对话框，选择如图 21-42 所示实体边作为要倒圆的边，"半径"设置为"14"，单击【确定】完成实体的边倒圆。

图 21-40　拔模对话框

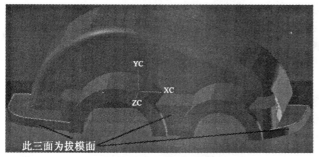

图 21-41　选择拔模面

图 21-42　倒角边

21.2.9　创建箱体侧凸台上台阶孔

（1）单击【插入】→【设计特征】→【孔】，或者单击图标 ，弹出"孔"对话框，在图框中设定"类型"为"沉头孔"，设定"沉头孔直径"为 30，设定"沉头孔深度"为 8，设定"孔径"为 13，选择如图 21-43 所指面为孔放置面，通过面为箱体底面，单击【确定】按钮，弹出"定位"对话框。选择"垂直"选项，选择 Y 轴作为定位边，将尺寸设置为"80"，选择箱体中间面为另一参考边，将尺寸设置为"73"如图 21-44 所示，单击【确定】完成沉头孔的创建。

此面为放置面

图 21-43　孔放置面

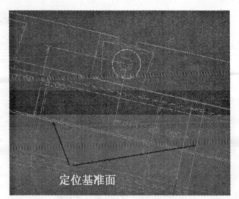

定位基准面

图 21-44　孔定位尺寸

（2）单击【插入】→【设计特征】→【孔】，或者单击图标，弹出"孔"对话框，在图框中设定"类型"为"沉头孔"，设定"沉头孔直径"为 24，设定"沉头孔深度"为 2，设定"孔径"为 11，选择如图 21-45 所指面为孔放置面，通过面为箱体底面，单击"确定"按钮，弹出"定位"对话框。选择"垂直"选项，选择 Y 轴作为定位边，将尺寸设置为"156"，选择箱体中间面为另一参考边，将尺寸设置为"35"，如图 21-46 所示，单击【确定】完成沉头孔的创建。

此面为放置面

图 21-45　孔放置面

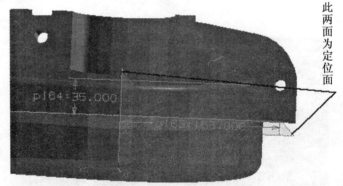

此两面为定位面

图 21-46　孔定位尺寸

（3）单击【插入】→【关联复制】→【实例特征】，或者单击图标，弹出"实例"对话框，如图 21-47 所示，在图框中选定"矩形阵列"，弹出"实例"对话框，如图 21-48 所示，选择图 21-49 所示的孔为阵列孔，单击【确定】，弹出"输入参数"对话框，如图 21-50 所示，将"X 向数量"设置为 2，将"X 向偏置"设置为 128，将"Y 向数量"设置为 1，将"Y 向偏置"设置为 0，单击"确定"，弹出"创建实例"对话框，选择"是"完成实例的阵列。

图 21-47　实例对话框

图 21-48　实例过滤器对话框

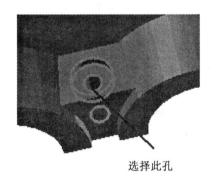

选择此孔

图 21-49　选择阵列孔

图 21-50　输入参数对话框

（4）单击【插入】→【关联复制】→【实例特征】，或者单击图标，弹出"实例"对话框，在图框中选定"矩形阵列"，弹出"实例"对话框，选择如图 21-49 所示孔为阵列孔，单击【确定】，弹出"输入参数"对话框，将"X 向数量"设置为 2，将"X向偏置"设置为 −148，将"Y 向数量"设置为 1，将"Y 向偏置"设置为 0，单击"确定"，弹出"创建实例"对话框，选择"是"完成实例另一方向的阵列。

21.2.10　创建箱体端面孔

（1）单击【插入】→【基准/点】→【基准轴】，或者单击图标，弹出"基准轴"对话框，如图 21-51 所示，选择坐标系"Z"轴，单击【确定】完成基准轴的操作。

图 21-51　基准轴对话框

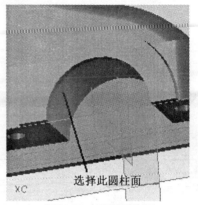

图 21-52　选择圆柱面

（2）单击【插入】→【基准/点】→【基准轴】，或者单击图标 ↑，弹出"基准轴"对话框，选择如图 21-52 所示的圆柱面，单击"确定"完成基准轴的操作。

（3）单击【插入】→【基准/点】→【基准平面】，或者单击图标 □，弹出"基准平面"对话框，将类型中选项设置为"成一角度"，选择"YZ"平面作为参考面，选择 Z 轴作为通过轴，并将"角度"值设置为 -60，单击"确定"完成基准面的操作。

（4）采用同样的方法，选择方式如图 21-53 所示，并将"角度"值设置为 -60，单击【确定】完成另一基准面的操作。

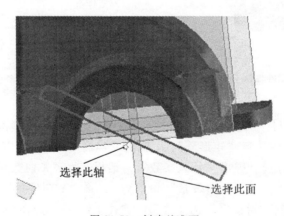

图 21-53　创建基准面

（5）单击【插入】→【设计特征】→【孔】，或者单击图标 ▨，弹出"孔"对话框，在图框中设定"类型"为"简单孔"，设定"直径"为 8，设定"深度"为 15，设定"顶锥角"为 120，选择如图 21-54 所指面为孔放置面，单击【确定】按钮，弹出"定位"对话框。选择"垂直"选项，选择 Y 轴作为定位边，将尺寸设置为"60"，选择如

图 21-55 所示的基准面为参考边,将尺寸设置为"0",单击【确定】完成孔的创建。

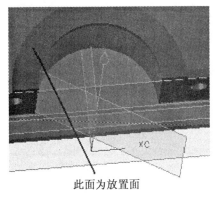

此面为放置面

图 21-54 选择放置面

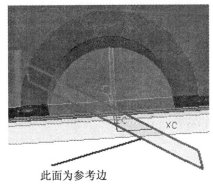

此面为参考边

图 21-55 选择参考边

(6)单击【插入】→【设计特征】→【孔】,或者单击图标 ,弹出"孔"对话框,在图框中设定"类型"为"简单孔",设定"直径"为 8,设定"深度"为 15,设定"顶锥角"为 120,选择如图 21-56 所指面为孔放置面,单击【确定】按钮,弹出"定位"对话框。选择"垂直"选项,选择如图 21-57 所示基准轴作为定位边,将尺寸设置为"50",选择如图 21-57 所示基准面为参考边,将尺寸设置为"0",单击【确定】完成孔的创建。

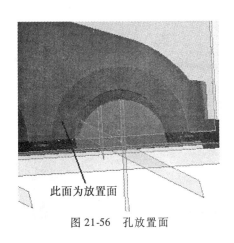

此面为放置面

图 21-56 孔放置面

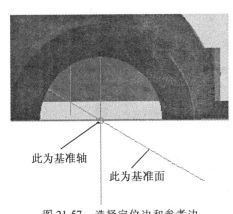

此为基准轴

此为基准面

图 21-57 选择定位边和参考边

(7)单击【插入】→【关联复制】→【实例特征】,或者单击图标 ,弹出"实例"对话框,在图框中选定"环形阵列",弹出"实例"对话框,选择如图 21-58 所示的孔的为阵列孔,单击【确定】,弹出"输入参数"对话框,将"数量"设置为 3,将"角度"设置为 - 60,如图 21-59 所示。单击【确定】,弹出"实例"对话框,单击【基准轴】,弹出"选择一个基准轴"对话框,选择"Z"轴作为基准轴,如图 21-60 所示。弹出"创建实例"对话框,选择"是"完成实例的环形阵列。

图 21-58 选择阵列孔

图 21-59 阵列参数设置

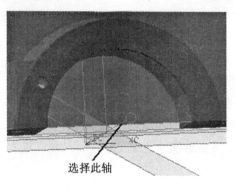

图 21-60 选择基准轴

（8）采用同样的方法，选择如图 21-61 所示孔为阵列孔，选择如图 21-62 所示轴为基准轴，完成另一孔的环形阵列。

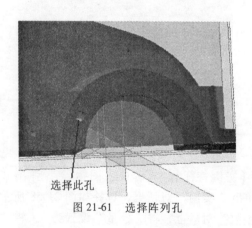

图 21-61 选择阵列孔

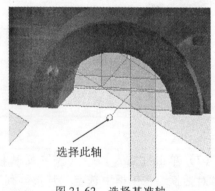

图 21-62 选择基准轴

21.2.11 完成箱体的镜像体特征

（1）单击【插入】→【修剪】→【修剪体】，或单击图标 ，系统弹出如图 21-63

所示的"修剪体"对话框，选择箱体作为"目标体"，选择如图 21-64 所示的平面作为"工具面"，单击【确定】完成实体的修剪。

注意：修剪时，确定 Z 轴正方向部分实体作为保留部分。

图 21-63 修剪体对话框

图 21-64 选择工具面

（2）单击【插入】→【草图】，或单击图标，系统弹出【创建草图】对话框，选择如图 21-65 所示基准面作为草绘面，单击【确定】按钮视图转到草绘面。

（3）单击【插入】→【配置文件】，或单击图标，系统弹出"配置文件"对话框，选择"直线""坐标模式"即可绘制草图。

（4）绘制如图 21-66 所示的草图，并对草图进行尺寸约束。

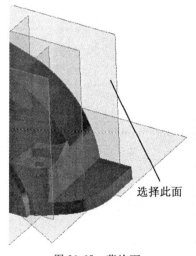

图 21-65 草绘面

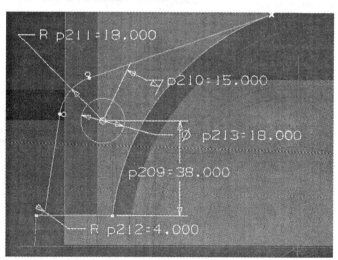

图 21-66 草图

（5）单击图标 完成草图，完成草图操作。

（6）采用同样的方法，绘制如图 21-67 所示的草图。基准面的选择与前一草图一致。

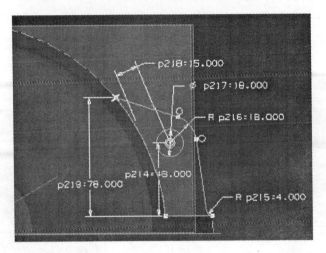

图 21-67 草图

(7) 单击【插入】→【设计特征】→【拉伸】，或者单击图标，弹出"拉伸"对话框，如图 21-68 所示。在图 21-68 中设定"开始""距离"值为 0，"终点""距离"值为 7.5。选择如图 21-69 所示草图作为拉伸曲线，选择"Z"轴正方向作为拉伸方向，单击【确定】按钮，完成拉伸。

图 21-68 拉伸对话框

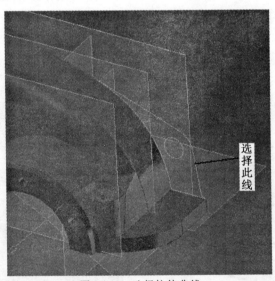

图 21-69 选择拉伸曲线

(8) 采用同样的方法，完成如图 21-70 所示草图的拉伸。拉伸方向的选择与前一拉伸方向一致。

(9) 单击图标，弹出"凸垫"对话框，如图 21-71 所示，单击【矩形】，弹出"矩形凸垫"对话框，选择如图 21-72 所示平面作为凸垫的放置面，选择如图 21-73 所示

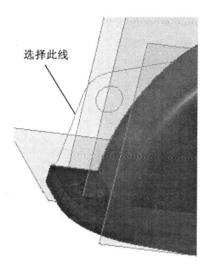

图 21-70 选择拉伸曲线

的边作为凸垫的水平参考，将"长度"设置为 129.4，"宽度"设置为 32.5，"高度"设置为 5，"拐角半径"设置为 0，"拔锥角"设置为 0，单击【确定】，系统弹出"定位"对话框，将凸垫两边缘定位到箱体的直线处，如图 21-74 所示，完成凸垫的操作。

图 21-71 凸垫对话框

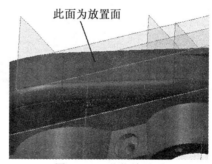

图 21-72 凸垫放置面

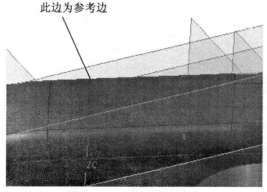

图 21-73 凸垫的水平参考

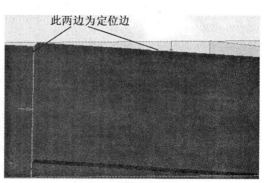

图 21-74 凸垫的定位边

（10）单击图标 ，弹出"腔体"对话框，如图 21-75 所示，单击【矩形】，弹出"矩形腔体"对话框，选择如图 21-76 所示平面作为矩形腔体的放置面，选择如图 21-77 所示边作为矩形腔体的水平参考，将"长度"设置为 70，"宽度"设置为 17.5，"深度"设置为 13，"拐角半径"设置为 0，"底部面半径"设置为 0，"拔锥角"设置为 0，单击【确定】，系统弹山"定位"对话框，将矩形腔体两边缘定位到箱体的直线处，如图 21-78 所示，完成凸垫的操作。

图 21-75　腔体对话框

图 21-76　矩形腔体的放置面

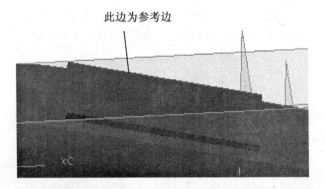

图 21-77　矩形腔体的水平参考

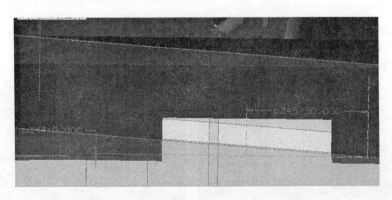

图 21-78　矩形腔体两边缘

（11）单击【插入】→【细节特征】→【边倒圆】，或单击图标 ，系统弹出如图 21-79 所示的"边倒圆"对话框，选择如图 21-80 所示两边作为要倒圆的边，"半径"设置为"15"，单击【确定】完成实体的边倒圆。

图 21-79　边倒圆对话框

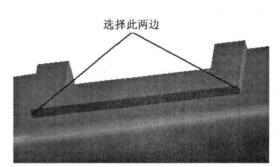

图 21-80　倒圆的边

（12）采用同样的方法完成如图 21-81 所示两边的倒圆，倒圆半径为 5。

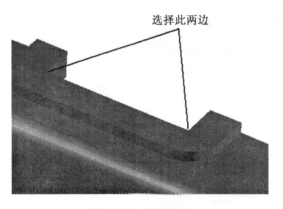

图 21-81　倒圆的边

（13）单击【插入】→【设计特征】→【孔】，或者单击图标 ，弹出"孔"对话框，在图框中设定"类型"为"简单孔"，设定"直径"为 6，选择如图 21-82 所指面为孔放置面，选择另一面为通过面，单击【确定】按钮，弹出"定位"对话框。选择"垂直"选项，选择如图 21-83 所示边对孔进行定位，单击【确定】完成孔的创建。

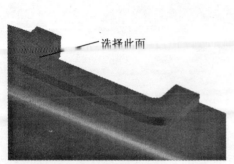

图 21-82　孔放置面

图 21-83　孔定位边

（14）单击【插入】→【关联复制】→【实例特征】，或者单击图标█，弹出"实例"对话框，在图框中选定"矩形阵列"，弹出"实例"对话框，选择如图 21-84 所示孔为阵列孔，单击【确定】，弹出"输入参数"对话框，将"X 向数量"设置为 2，将"X 向偏置"设置为 80，将"Y 向数量"设置为 1，将"Y 向偏置"设置为 0，单击【确定】，弹出"创建实例"对话框，选择"是"完成实例的阵列。

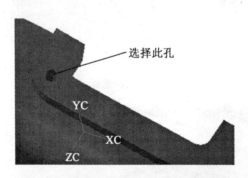

图 21-84　选择阵列孔

（16）单击【插入】→【关联复制】→【镜像体】，或者单击图标█，弹出"镜像体"对话框，选择如图 21-85 所示所有实体作为要镜像的体，选择如图 21-86 所示平面作为镜像平面，单击【确定】，完成实体的镜像。

（15）单击【插入】→【组合体】→【求和】，或者单击图标█，弹出"求和"对话框，目标体和工具体的选择如图 21-87 所示，单击【确定】，完成实体的求和，同时完成减速器箱体的创建。如图 21-88 所示。

> 【技巧提示】本例题很好地运用了箱体对称性这一特征，采用镜像体的功能，起到了事半功倍的作用。

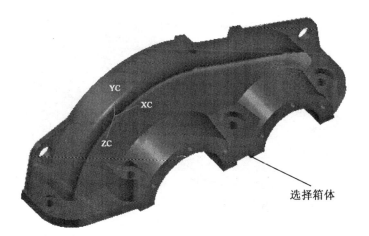

图 21-85　选择镜像体

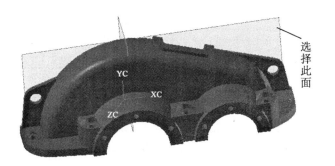

图 21-86　选择镜像平面

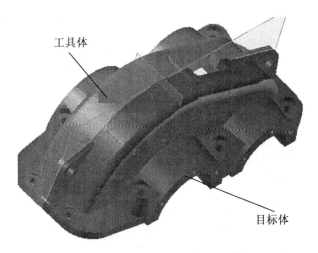

图 21-87　选择目标体和工具体

图 21-88　最终效果

21.3　课后练习

创建三维造型，尺寸如图 21-89 所示。

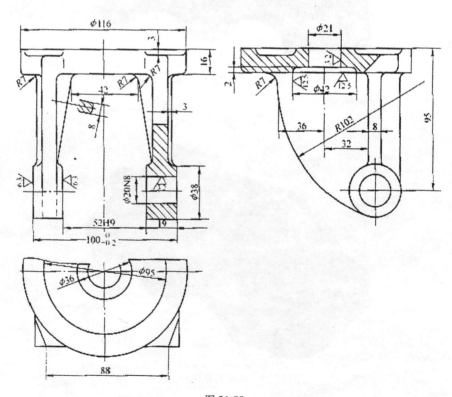

图 21-89

项目 22　减速器箱体造型

【项目要求】

创建减速器箱体模型。最终效果如图 22-1 所示。

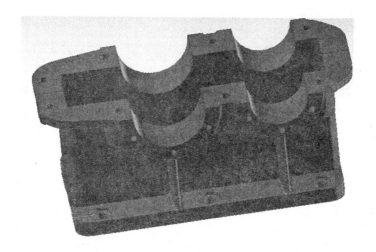

图 22-1　最终效果

【学习目标】

- 掌握线框构图的基本方法及常用的曲线绘制工具。
- 掌握实体建模中拉伸、圆台、抽壳、修剪体等工具的用法。
- 了解和使用拔模操作运算选项。
- 了解矩形阵列、圆形阵列等操作。

【知识重点】

圆台、倒圆角、修剪体、孔、阵列、布尔操作选项。

【知识难点】

基准轴、基准面的建立，草绘面截面的选择。

22.1　设计思路

设计思路如图 22-2 所示。

图 22-2 设计思路

22.2 操作步骤

22.2.1 新建文件

（1）单击【文件】→【新建】，或者单击图标 □ ，出现"新部件文件"对话框，输入文件名"jiansuqixiangti"，选择"毫米"为单位，点击【确定】按钮，即可建立文件名为"jiansuqixiangti. prt"、单位为"毫米"的文件。

（2）单击【起始】→【建模】，或者单击图标 🐾 ，进入建模模块。

22.2.2 创建箱体

（1）单击图标 🗊 ，系统弹出如图 22-3 所示的"长方体"对话框，输入"长度（XC）"值为368，输入"宽度（YC）"值为102，输入"高度（ZC）"值为165，单击图标 🔩 ，系统弹出如图 22-4 所示的"点"对话框，将对话框中坐标"XC""YC""ZC"均设置为0，单击"确定"，系统返回到"长方体"对话框，单击【确定】完成长方体的创建。如图 22-5 所示。

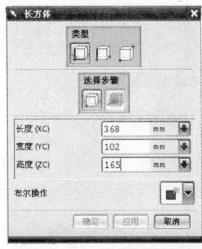

图 22-3 长方体对话框

图 22-4 点对话框

图 22-5 长方体

（2）单击图标█，系统弹出如图 22-6 所示的"抽壳"对话框，选择长方体上平面作为"要冲孔的面"，如图 22-7 所示，"厚度"设置为"8"，单击【确定】完成实体的抽壳。

图 22-6 抽壳对话框

图 22-7 选择冲孔面

（3）单击【插入】→【基准/点】→【基准平面】，或者单击图标▢，弹出"基准平面"对话框，如图 22-8 所示，将类型选项中设置为"二等分"，选择箱体两侧平面作为参考面，单击【确定】完成基准面的操作。

22.2.3 创建箱体侧面台阶

（1）单击图标█，弹出"凸垫"对话框，如图 22-9 所示，单击【矩形】，弹出"矩形凸垫"对话框，选择如图 22-10 所示平面作为凸垫的放置面，选择如图 22-10 所示的边作为凸垫的水平参考，将"长度"设置为 368，"宽度"设置为 15，"高度"设置为 44，

图 22-8　基准平面对话框

"拐角半径"设置为 0，"拔锥角"设置为 0，单击【确定】，系统弹出"定位"对话框，将凸垫两边缘定位到箱体的直线处，如图 22-11 所示，完成凸垫的操作。

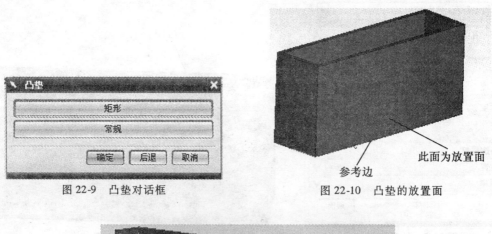

图 22-9　凸垫对话框

此面为放置面

参考边

图 22-10　凸垫的放置面

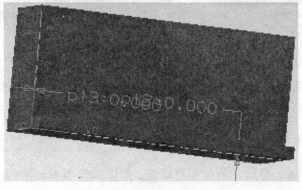

图 22-11　凸垫定位边

（2）单击图标🔲，弹出"凸垫"对话框，单击【矩形】，弹出"矩形凸垫"对话框。选择如图 22-12 所示平面作为凸垫的放置面，选择如图 22-12 所示边作为凸垫的水平参考，将"长度"设置为 368，"宽度"设置为 60，"高度"设置为 5，"拐角半径"设置为 0，"拔锥角"设置为 0，单击【确定】，系统弹出"定位"对话框，将凸垫两边缘定位到箱体的直线处，如图 22-13 所示，完成凸垫的操作。

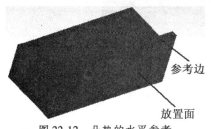

图 22-12　凸垫的水平参考

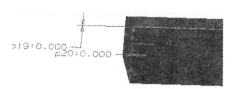

图 22-13　凸垫定位边

（3）单击图标🔲，系统弹出"边倒圆"对话框，如图 22-14 所示。选择如图 22-15 所示的实体边作为要倒圆的边，"半径"设置为"4"，单击【确定】完成实体的边倒圆。

图 22-14　边倒圆对话框

图 22-15　选择倒圆边

（4）重复上一命令，完成另两边的倒圆，倒圆半径为 20，如图 22-16 所示（下页）。

22.2.4　创建箱体侧面凸台

（1）单击图标🔲，弹出"凸台"对话框，如图 22-17 所示，将"直径"设置为 149.4，"高度"设置为 47，"拔锥角"设置为 5.7277。选择箱体侧面作为凸台放置面，单击【确定】，系统弹出"定位"对话框，如图 22-18 所示，将凸台中心定位到箱体两侧边，如图 22-19 所示，完成圆台的操作。

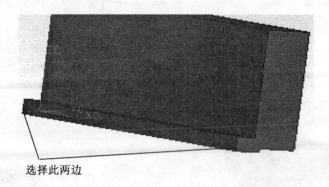

选择此两边

图 22-16 选择倒圆边

图 22-17 凸台对话框

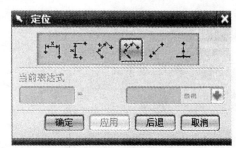

图 22-18 定位对话框

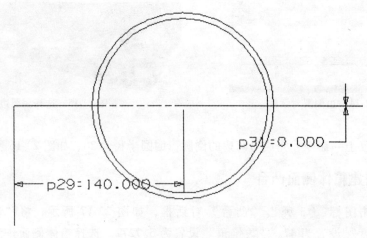

图 22-19 凸台定位参考

（2）单击图标 ，弹出"凸台"对话框，将"直径"设置为 129.4，"高度"设置为 47，"拔锥角"设置为 5.7277。选择箱体侧面作为凸台放置面，单击【确定】，系统弹出"定位"对话框，将凸台中心定位到箱体侧边及上一圆台中心位置，如图 22-20 所示，完成圆台的操作。

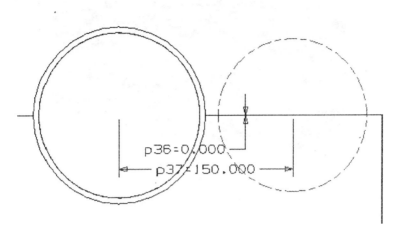

图 22-20　凸台定位参考

（3）单击图标 ，系统弹出如图 22-21 所示的"修剪体"对话框，选择箱体作为"目标体"，选择箱体上平面作为"工具面"，如图 22-22 所示，单击【确定】完成实体的修剪。

图 22-21　修剪体对话框

图 22-22　选择工具面

（4）单击【插入】→【基准/点】→【基准平面】，或者单击图标 ，弹出"基准平面"对话框，选择如图 22-23 所示平面作为参考面，并将"距离"值设置为 −91，单击【确定】完成基准面的创建。

（5）单击【插入】→【草图】，或单击图标 ，系统弹出如图 22-24 所示的【创建草图】对话框，选择如图 22-25 所示基准面作为草绘面，单击【确定】按钮，视图转到

图 22-23 选择参考面

草绘面。

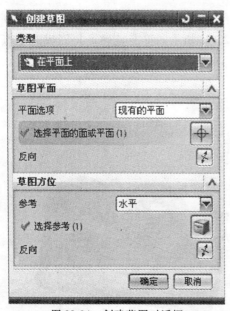

图 22-24 创建草图对话框

图 22-25 选择草绘平面

（6）单击【插入】→【配置文件】，或单击图标 ，系统弹出如图 22-26 所示的"配置文件"对话框，选择"直线""坐标模式"即可绘制草图。

（7）绘制如图 22-27 所示的草图，并对草图进行尺寸约束。

（8）单击图标 完成草图，完成草图操作。

（9）单击【插入】→【设计特征】→【拉伸】，或者单击图标 ，弹出"拉伸"对

图 22-26 配置文件对话框

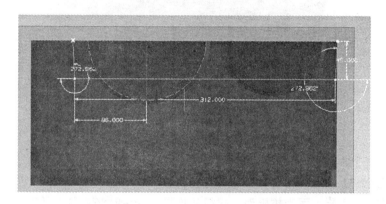

图 22-27 草图

话框，如图 22-28 所示，在图 22-28 中设定"开始""距离"值为 0，"终点"设置为"直至被选定对象"。选择如图 22-29 所示草图作为拉伸曲线，选择箱体靠近草绘线的侧面作为终止面，单击【确定】按钮，完成拉伸，如图 22-30 所示。

图 22-28 拉伸对话框

图 22-29 选择拉伸曲线

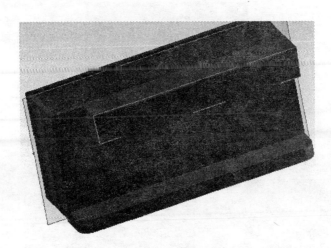

图 22-30　拉伸结果

　　（10）单击【插入】→【细节特征】→【拔模】，或者单击图标，弹出"拔模"对话框，如图 22-31 所示。指定 Z 轴正方向为拔模方向，选择如图 22-32 所示面为固定平面，指定如图 22-32 所示面为拔模面，拔模角度设置为 − 2.86，单击【确定】完成实体的拔模。

图 22-31　拔模对话框

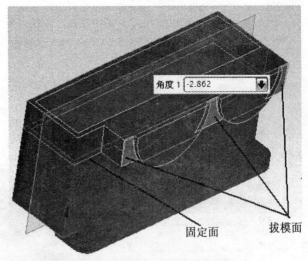

图 22-32　选择固定面和拔模面

（11）单击图标 ✍，系统弹出"边倒圆"对话框，选择如图 22-33 所示实体边作为要倒圆的边，"半径"设置为"18"，单击【确定】完成实体的边倒圆。

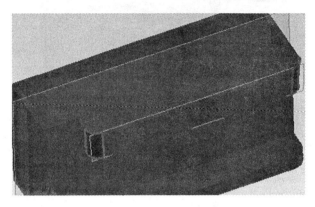

图 22-33　倒圆边

（12）单击【插入】→【草图】，或单击图标 🔲，系统弹出【创建草图】对话框，选择如图 22-34 所示面作为草绘面，单击【确定】按钮视图转到草绘面。

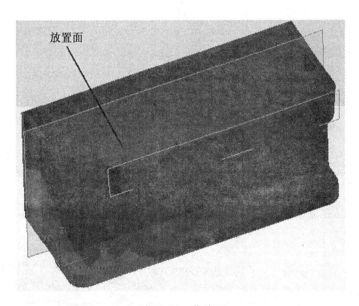

放置面

图 22-34　草绘面

22.2.5　创建箱体侧面侧缘

（1）单击【插入】→【配置文件】，或单击图标 🔲，系统弹出"配置文件"对话框，选择"直线""坐标模式"即可绘制草图。

（2）绘制如图 22-35 所示的草图，并对草图进行尺寸约束。

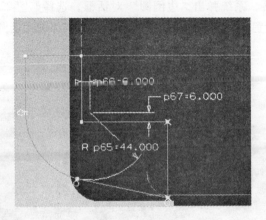

图 22-35　绘制草图

（3）单击图标 　完成草图 ，完成草图操作。

（4）单击【插入】→【设计特征】→【拉伸】，或者单击图标 ，弹出"拉伸"对话框。如图 22-36 所示。在图 22-36 中设定"开始""距离"值为 0，"终点""距离"值为 12，"拔锥角"值为 2.86。选择如图 22-37 所示草图作为拉伸曲线，"布尔"选项中设置为"求和"，单击【确定】按钮，完成拉伸。结果如图 22-38 所示。

图 22-36　拉伸对话框

图 22-37　选择拉伸曲线

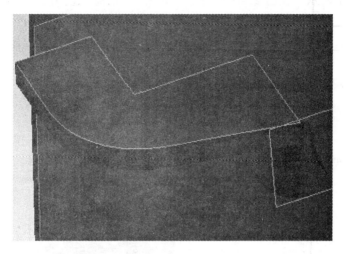

图 22-38　拉伸结果

（5）单击【插入】→【草图】，或单击图标 ，系统弹出【创建草图】对话框，选择如图 22-39 所示基准面作为草绘面，单击【确定】按钮，视图转到草绘面。

（6）单击【插入】→【配置文件】，或单击图标 ，系统弹出"配置文件"对话框，选择"直线""坐标模式"即可绘制草图。

（7）绘制如图 22-40 所示的草图，并对草图进行尺寸约束。

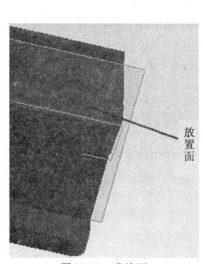

图 22-39　草绘面

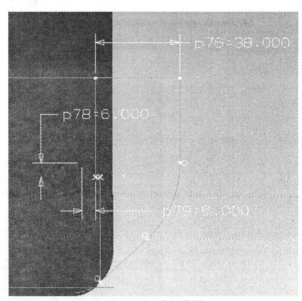

图 22-40　绘制草图

（8）单击图标 ，完成草图操作。

（9）单击【插入】→【设计特征】→【拉伸】，或者单击图标 ，弹出"拉伸"对话框，如图 22-41 所示。在图 22-41 中设定"开始""距离"值为 0，"终点""距离"值为 12，"拔锥角"值为 2.86，选择如图 22-42 所示草图作为拉伸曲线，"布尔"选项中设置为"求和"，单击【确定】按钮，完成拉伸。结果如图 22-43 所示。

图 22-41　拉伸对话框

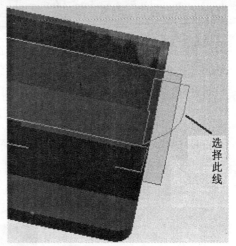

图 22-42　拉伸曲线

图 22-43　拉伸结果

（10）单击【插入】→【草图】，或单击图标，系统弹出【创建草图】对话框，选择如图 22-44 所示基准面作为草绘面，单击【确定】按钮视图转到草绘面。

（11）单击【插入】→【配置文件】，或单击图标，系统弹出"配置文件"对话框，选择"直线""坐标模式"即可绘制草图。

（12）绘制如图 22-45 所示的草图，并对草图进行尺寸约束。

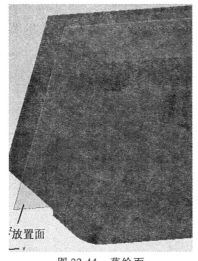

图 22-44　草绘面

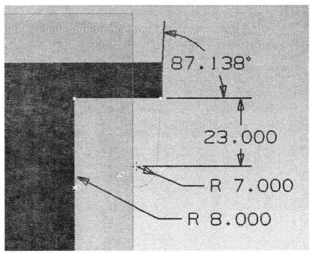

图 22-45　绘制草图

（13）单击图标，完成草图操作。

（14）单击【插入】→【草图】，或单击图标，系统弹出【创建草图】对话框，选择如图 22-46 所示基准面作为草绘面，单击【确定】按钮视图转到草绘面。

（15）单击【插入】→【配置文件】，或单击图标，系统弹出"配置文件"对话框，选择"直线""坐标模式"即可绘制草图。

（16）绘制如图 22-47 所示的草图，并对草图进行尺寸约束。

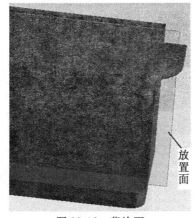

图 22-46　草绘面

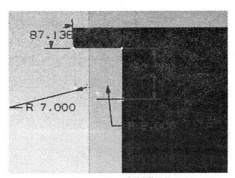

图 22-47　绘制草图

（17）单击图标 ▨ 完成草图，完成草图操作。

（18）单击【插入】→【设计特征】→【拉伸】，或者单击图标▥，弹出"拉伸"对话框，如图 22-48 所示，在图 22-48 中设定"开始""距离"值为 0，"终点""距离"值为 12，"拔锥角"值为 0，选择如图 22-49 所示草图作为拉伸曲线，"布尔"选项中设置为"求和"，单击【确定】按钮，完成拉伸。

图 22-48　拉伸对话框

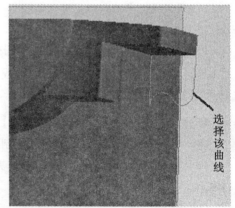

选择该曲线

图 22-49　选择拉伸曲线

（19）单击【插入】→【设计特征】→【拉伸】，或者单击图标▥，弹出"拉伸"对话框，如图 22-50 所示，在图 22-50 中设定"开始""距离"值为 0，"终点""距离"值为 12，"拔锥角"值为 0，选择如图 22-51 所示草图作为拉伸曲线，"布尔"选项中设置为"求和"，单击【确定】按钮，完成拉伸。

（20）单击【插入】→【细节特征】→【拔模】，或者单击图标 ◈，弹出"拔模"对话框，如图 22-52 所示。指定 X 轴负方向为拔模方向，选择如图 22-53 所示面为固定平面，指定如图 22-53 所示面为拔模面，拔模角度设置为 2.86，单击【确定】完成实体的拔模。

图 22-50　拉伸对话框

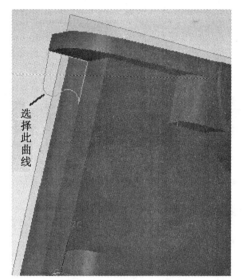

图 22-51　选择拉伸曲线

图 22-52　拔模对话框

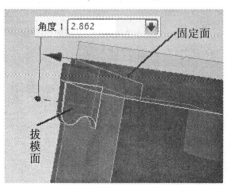

图 22-53　选择固定面和拔模面

（21）单击【插入】→【细节特征】→【拔模】，或者单击图标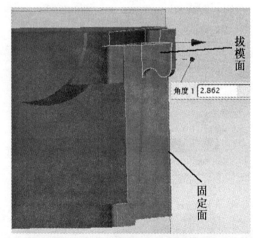，弹出"拔模"对话框，如图 22-54 所示，指定 X 轴正方向为拔模方向，选择如图 22-55 所示面为固定平面，指定如图 22-55 所示面为拔模面，拔模角度设置为 2.86，单击【确定】完成实体的拔模。

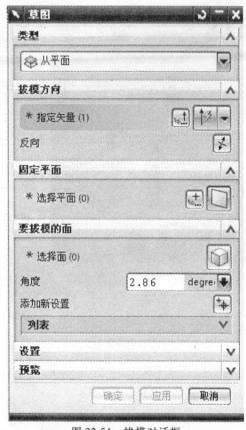

图 22-54　拔模对话框

图 22-55　选择固定面和拔模面

22.2.6　创建箱体固定孔

（1）单击【插入】→【基准/点】→【基准平面】，或者单击图标□，弹出"基准平面"对话框，选择箱体圆柱面作为参考面，如图 22-56 所示，并将类型选项中设置为"通过对象"，单击【确定】完成基准面的操作。

（2）重复上一命令，完成另一基准面的创建，参考圆柱面如图 22-57 所示。

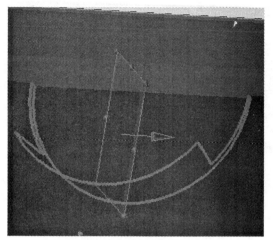

图 22-56　选择参考面

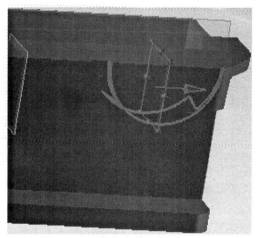

图 22-57　选择参考面

（3）单击【插入】→【基准/点】→【基准轴】，或者单击图标↑，弹出"基准轴"对话框，如图 22-58 所示。选择如图 22-59 所示圆柱面，单击【确定】完成基准轴的操作。

图 22-58　基准轴对话框

图 22-59　选择圆柱面

（4）重复上一命令，完成另一基准轴的创建，参考圆柱面如图 22-60 所示。

（5）单击【插入】→【基准/点】→【基准平面】，或者单击图标□，弹出"基准平面"对话框，将类型中选项设置为"成一角度"，选择如图 22-61 所示平面作为参考面，选择如图 22-61 所示轴作为通过轴，并将"角度"值设置为 60，单击【确定】完成基准面的操作。

（6）重复上一命令，完成另一基准面的创建，参考平面及参考轴如图 22-62 所示。

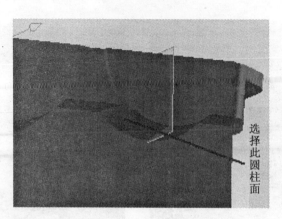

图 22-60　选择圆柱面

图 22-61　选择参考面和通过轴

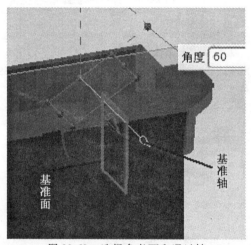

图 22-62　选择参考面和通过轴

　　(7) 单击【插入】→【设计特征】→【孔】，或者单击图标 ，弹出"孔"对话框，如图 22-63 所示，在图框中设定"类型"为"简单孔"，设定"直径"为 8，设定"深度"为 15，设定"顶锥角"为 120，选择如图 22-64 所指面为孔放置面，单击【确定】按钮，弹出"定位"对话框。选择"垂直"选项。选择如图 22-65 所示轴作为定位边，将尺寸设置为"60"，选择如图 22-65 所示基准面为参考边，将尺寸设置为"0"，单击【确定】完成孔的创建。

　　(8) 单击【插入】→【设计特征】→【孔】，或者单击图标 ，弹出"孔"对话框，在图框中设定"类型"为"简单孔"，设定"直径"为 8，设定"深度"为 15，设定"顶锥角"为 120，选择如图 22-66 所指面为孔放置面，单击【确定】按钮，弹出"定位"对话框。选择"垂直"选项，选择如图 22-67 所示轴作为定位边，将尺寸设置为"50"。选择如图 22-67 所示基准面为参考边，将尺寸设置为"0"，单击【确定】完成孔的创建。

图 22-63　孔对话框

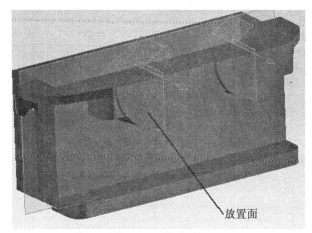

图 22-64　孔放置面

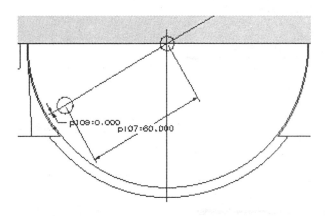

图 22-65　孔定位边

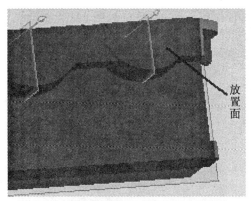

图 22-66　孔放置面

图 22-67　孔定位边

（9）单击【插入】→【关联复制】→【实例特征】，或者单击图标 ，弹出"实例"对话框，如图 22-68 所示。在图框中选定"环形阵列"，弹出"实例"对话框，选择如图 21-69 所示孔为阵列孔，单击【确定】，弹出"输入参数"对话框，如图 22-70 所示。

将"数量"设置为3，将"角度"设置为60，单击"确定"，弹出"实例"对话框，单击"基准轴"，弹出"选择一个基准轴"对话框，如图 22-71 所示。选择如图 22-72 所示轴作为基准轴，弹出"创建实例"对话框，选择"是"完成实例的环形阵列。

图 22-68　实例对话框

图 22-69　选择阵列孔

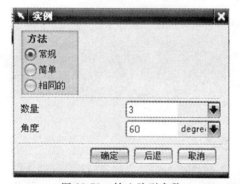

图 22-70　输入阵列参数

图 22-71　选择一个基准轴对话框

（10）重复上一命令，完成另一孔的环形阵列，基准孔和基准轴如图 22-73 所示。

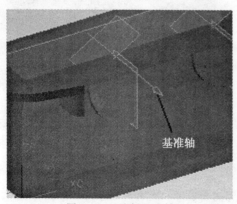

图 22-72　选择基准轴

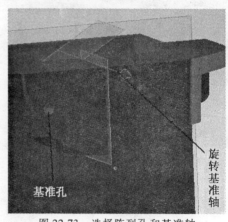

图 22-73　选择阵列孔和基准轴

22.2.7　箱体圆周修饰

（1）单击【插入】→【细节特征】→【边倒圆】，或单击图标 ，系统弹出如图 22-74 所示的"边倒圆"对话框，选择如图 22-75 所示两边作为要倒圆的边，"半径"设置为"4"，单击【确定】完成实体的边倒圆。

图 22-74　边倒圆对话框

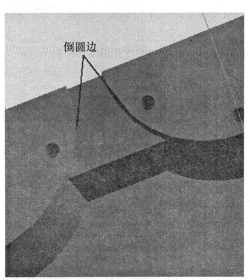

图 22-75　倒圆边

（2）重复上一命令，完成另外两边的倒圆，参考边如图 22-76 所示，半径为 4。

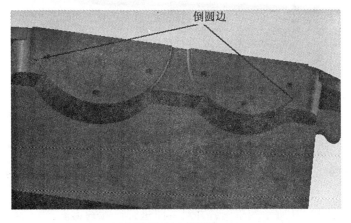

图 22-76　倒圆边

（3）单击【插入】→【基准/点】→【基准平面】，或者单击图标 ，弹出"基准平面"对话框，将类型中选项设置为"按某一距离"，选择如图 22-77 所示平面作为参考面，并将"距离"值设置为 42，单击"确定"完成基准面的操作。

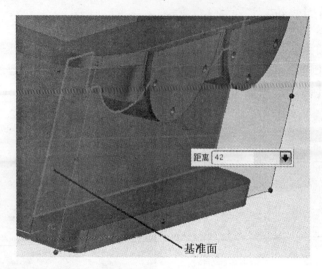

图 22-77　选择参考面

（4）单击【插入】→【草图】，或单击图标🔳，系统弹出【创建草图】对话框，选择如图 22-78 所示基准面作为草绘面，单击【确定】按钮视图转到草绘面。

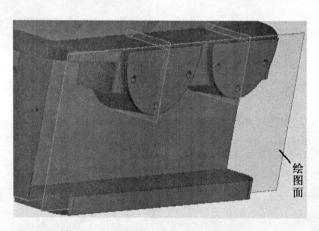

图 22-78　选择草绘面

（5）单击【插入】→【配置文件】，或单击图标🔄，系统弹出"配置文件"对话框，选择"直线""坐标模式"即可绘制草图。

（6）绘制如图 22-79 所示的草图，并对草图进行尺寸约束。

（7）单击图标🔲 完成草图，完成草图操作。

（8）重复上一命令，完成另一草图的绘制，如图 22-80 所示草图，草绘面与上一操作一致。

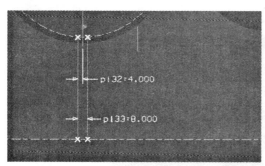

图 22-79 绘制草图

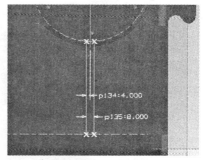

图 22-80 绘制草图

（9）单击【插入】→【设计特征】→【拉伸】，或者单击图标，弹出"拉伸"对话框，如图 22-81 所示。在图 22-81 中设定"开始""距离"值为 0，"终点"设置为"直至被选定对象"。选择如图 22-82 所示草图作为拉伸曲线，选择箱体靠近草绘线的侧面作为终止面，如图 22-82 所示。单击【确定】按钮，完成拉伸。结果如图 22-83 所示。

注：拉伸时应将"布尔"选项设置为求和。

图 22-81 拉伸对话框

拉伸曲线

图 22-82 拉伸曲线

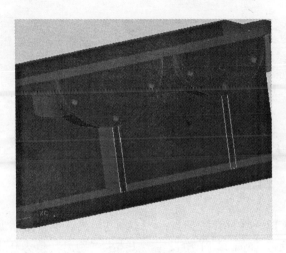

图 22-83　拉伸结果

（10）重复上一命令，完成另一实体的拉伸，选择如图 22-84 所示草图作为拉伸曲线及终止面。

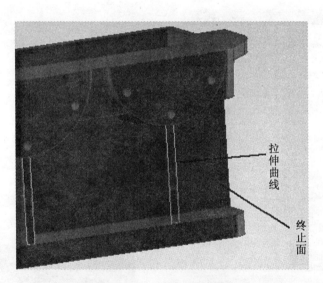

拉伸曲线

终止面

图 22-84　选择拉伸曲线及终止面

（11）单击【插入】→【细节特征】→【拔模】，或者单击图标 ，弹出"拔模"对话框，如图 22-85 所示，指定 Y 轴负方向为拔模方向，选择如图 22-86 所示面为固定平面，指定如图 22-86 所示面为拔模面，拔模角度设置为 2.86，单击【确定】完成实体的拔模。

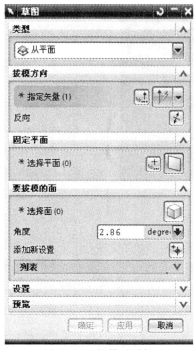

图 22-85　拔模对话框

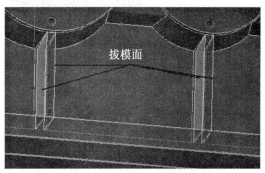

图 22-86　选择拔模面

（12）单击【插入】→【细节特征】→【边倒圆】，或单击图标 ，系统弹出"边倒圆"对话框，选择如图 22-87 所示四边作为要倒圆的边，"半径"设置为"3.5"，单击【确定】完成实体的边倒圆。

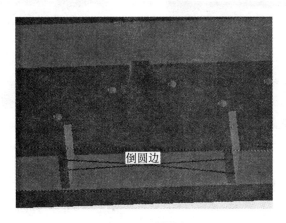

图 22-87　倒圆边

（13）重复上一命令，完成另外四边的倒圆，选择如图 22-88 所示边作为倒圆边。

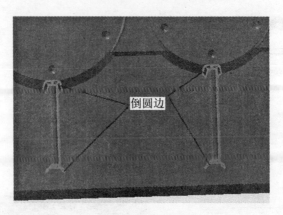

图 22-88　倒圆边

22.2.8　创建箱体凸缘台阶孔

（1）单击【插入】→【设计特征】→【孔】，或者单击图标，弹出"孔"对话框，在图框中设定"类型"为"沉头孔"，设定"沉头孔直径"为 30，设定"沉头孔深度"为 4，设定"孔径"为 13，选择如图 22-89 所指面为孔放置面，通过面为箱体上平面，单击【确定】按钮，弹出"定位"对话框。选择"垂直"选项，选择如图 22-90、图 22-91 所示两基准面，并对尺寸进行约束，单击【确定】完成沉头孔的创建。

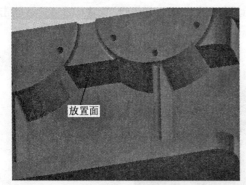

图 22-89　孔放置面

图 22-90　定位基准面

（2）单击【插入】→【关联复制】→【实例特征】，或者单击图标，弹出"实例"对话框，如图 22-92 所示。在图框中选定"矩形阵列"，弹出"实例"对话框，如图 22-93 所示。选择如图 22-94 所示孔为阵列孔，单击"确定"，弹出"输入参数"对话框，如图 22-95 所示。将"X 向数量"设置为 2，将"X 向偏置"设置为 128，将"Y 向数量"设置为 1，将"Y 向偏置"设置为 0，单击【确定】，弹出"创建实例"对话框，如图 22-96 所示，选择"是"完成实例的阵列。

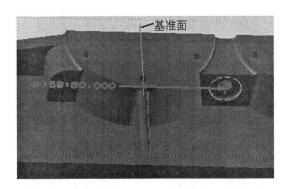

图 22-91 定位基准面

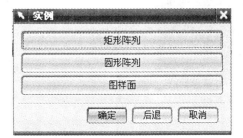

图 22-92 实例对话框

图 22-93 实例对话框

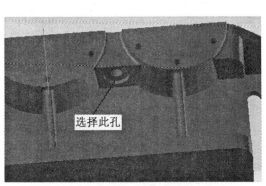

图 22-94 选择阵列孔

图 22-95 输入阵列参数

图 22-96 创建实例对话框

（3）单击【插入】→【关联复制】→【实例特征】，或者单击图标，弹出"实例"对话框，在图框中选定"矩形阵列"，弹出"实例"对话框，选择如图 22-97 所示孔为阵列孔，单击【确定】，弹出"输入参数"对话框，将"X 向数量"设置为 2，将"X 向偏置"设置为 −148，将"Y 向数量"设置为 1，将"Y 向偏置"设置为 0，单击"确定"，弹出"创建实例"对话框，选择"是"完成实例另一方向的阵列。

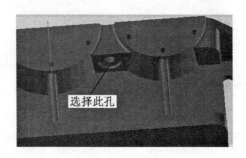

图 22-97 选择阵列孔

（4）单击【插入】→【设计特征】→【孔】，或者单击图标，弹出"孔"对话框，在图框中设定"类型"为"沉头孔"，设定"沉头孔直径"为 30，设定"沉头孔深度"为 4，设定"孔径"为 17，选择如图 22-98 所指面为孔放置面，通过面为箱体上平面，单击【确定】按钮，弹出"定位"对话框。选择"垂直"选项，选择如图 22-99 所示两基准面，并对尺寸进行约束，单击"确定"完成沉头孔的创建。

图 22-98 孔放置面

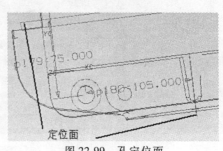

图 22-99 孔定位面

（5）单击【插入】→【关联复制】→【实例特征】，或者单击图标 ，弹出"实例"对话框，在图框中选定"矩形阵列"，弹出"实例"对话框，选择如图 21-100 所示孔为阵列孔，单击【确定】，弹出"输入参数"对话框，将"X 向数量"设置为 3，将"X 向偏置"设置为 150，将"Y 向数量"设置为 1，将"Y 向偏置"设置为 0，单击【确定】，弹出"创建实例"对话框，选择"是"完成实例的阵列。

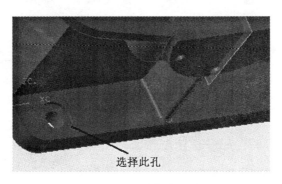

图 22-100　选择阵列孔

（6）单击【插入】→【设计特征】→【孔】，或者单击图标 ，弹出"孔"对话框，在图框中设定"类型"为"沉头孔"，设定"沉头孔直径"为 24，设定"沉头孔深度"为 3，设定"孔径"为 11，选择如图 22-101 所指面为孔放置面，通过面为箱体上平面，单击【确定】按钮，弹出"定位"对话框。选择"垂直"选项，选择如图 22-102 所示两基准面，并对尺寸进行约束，单击【确定】完成沉头孔的创建。

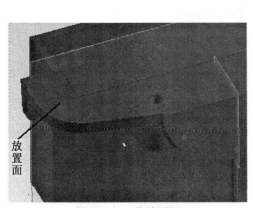

图 22-101　孔放置面

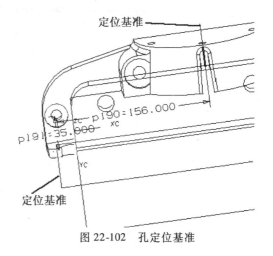

图 22-102　孔定位基准

22.2.9　修饰箱体

（1）单击【插入】→【修剪】→【修剪体】，或单击图标 ，系统弹出如图 22-103 所示的"修剪体"对话框。选择箱体作为"目标体"，选择如图 22-104 所示平面作为

"工具面"，单击【确定】完成实体的修剪。

注意：修剪时，确定 Y 轴负方向部分实体作为保留部分。

图 22-103　修剪体对话框

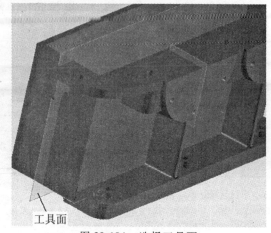

图 22-104　选择工具面

（2）单击【插入】→【细节特征】→【边倒圆】，或单击图标■，系统弹出"边倒圆"对话框，选择如图 22-105 所示边作为要倒圆的边，"半径"设置为"3.5"，单击【确定】完成实体的边倒圆。

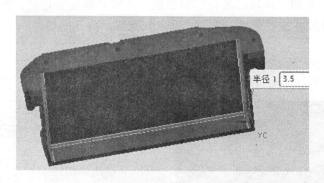

图 22-105　倒圆边

（3）单击【插入】→【设计特征】→【孔】，或者单击图标■，弹出"孔"对话框，在图框中设定"类型"为"简单"，设定"直径"为100，选择凸台顶面为孔放置面，如图 22-106 所示，通过面为箱体内侧面，如图 22-107 所示，单击【确定】按钮，弹出"定位"对话框，如图 22-108 所示。选择"点到点"选项，弹出"点到点"对话框，选择凸台外圆，弹出"设置圆弧的位置"对话框，如图 22-109 所示，单击"圆弧中心"完成制孔操作。

图 22-106　孔放置面

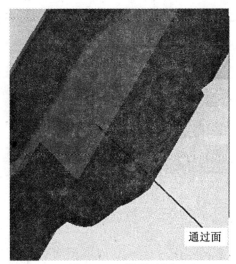

图 22-107　孔通过面

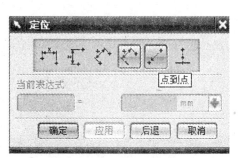

图 22-108　定位对话框

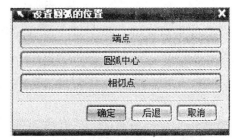

图 22-109　设置圆弧的位置对话框

(4) 单击【插入】→【设计特征】→【孔】，或者单击图标 ，弹出"孔"对话框，在图框中设定"类型"为"简单"，设定"直径"为 80，选择另一凸台顶面为孔放置面，通过面为箱体内侧面，单击【确定】按钮，弹出"定位"对话框。选择"点到点"选项，弹出"点到点"对话框，选择凸台外圆，弹出"设置圆弧的位置"对话框，单击【圆弧中心】完成制孔操作。

(5) 单击【插入】→【细节特征】→【边倒圆】，或单击图标 ，系统弹出"边倒圆"对话框，选择如图 22-110 所示边作为要倒圆的边，"半径"设置为"14"，单击【确定】完成实体的边倒圆。

(6) 单击【插入】→【关联复制】→【镜像体】，或者单击图标 ，弹出"镜像体"对话框，选择如图 22-111 所示所有实体作为要镜像的体，选择如图 22-111 所示平面作为镜像平面，单击【确定】，完成实体的镜像。

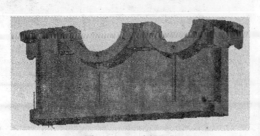

图 22-110 倒圆边

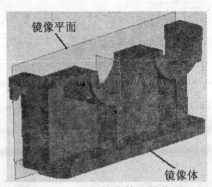

图 22-111 选择镜像体和镜像平面

（7）单击【插入】→【组合体】→【求和】，或者单击图标 🔲，弹出"求和"对话框，选择如图 22-112 所示所有实体作为目标体，选择如图 22-112 所示实体为工具体，单击【确定】，完成实体的求和，同时完成减速器箱体的创建。结果如图 22-113 所示。

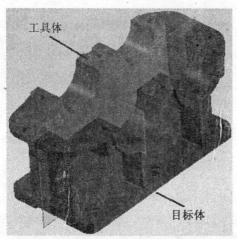

图 22-112 选择目标体和工具体

图 22-113 减速器箱体

项目23　拨叉造型

【项目要求】

创建拨叉模型。图形尺寸如图 23-1 所示，最终效果如图 23-2 所示。

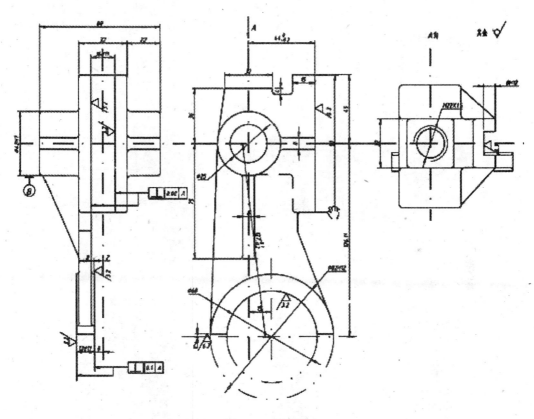

图 23-1　图形尺寸

【学习目标】

● 掌握拉伸的基本方法及常用的草图绘制工具。

● 掌握实体建模中拉伸、键槽、镜像特征等工具的用法。

● 了解和使用布尔操作运算选项。

【知识重点】

拉伸、键槽、草图、基准面、镜像特征、螺纹操作选项。

【知识难点】

关联复制中的镜像特征，键槽的建立。

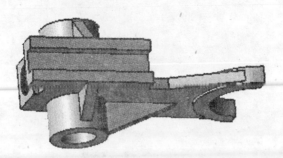

图 23-2　最终效果

23.1　设计思路

设计思路如图 23-3 所示。

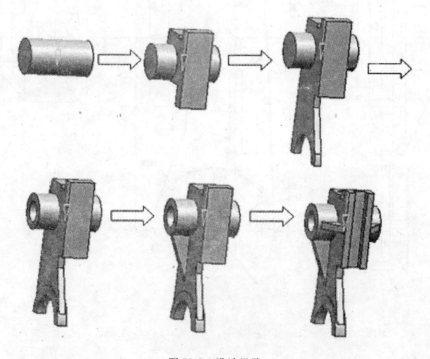

图 23-3　设计思路

23.2　操作步骤

23.2.1　新建文件

（1）启动 UG 程序，新建一个名称为 bocha. prt 的部件文件，其单位为 mm。

（2）选择"模型"中模板样式为"模型"，单击"确定"进入到建模模块。

23.2.2　模型的建立

（1）绘制草图。单击【插入】→【草图】，或单击图标 ，在系统弹出的"草图平面选择"工具条中 ，选择以 XY 平面为基准平面。绘制如图 23-4 所示的草图，单击【完成草图】按钮 返回建模模式。

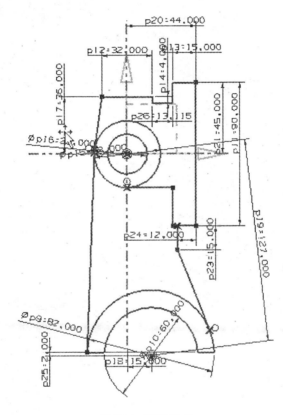

图 23-4　定位对象

（2）建立圆柱。单击【插入】→【设计特征】→【拉伸】，或者单击图标 ，弹出"拉伸"对话框，如图 23-5 所示。设置拉伸参数：起始值 – 38，结束值为 42，布尔运算为新建，单击【确定】按钮，则圆柱已被建立，如图 23-6 所示。

（3）建立拨叉体。单击【插入】→【设计特征】→【拉伸】，或者单击图标 ，弹出"拉伸"对话框，如图 23-7 所示，设置拉伸参数：起始对称值为 16，结束对称值为 16，布尔运算为求和，单击【确定】按钮，则拨叉体已被建立，如图 23-8 所示。

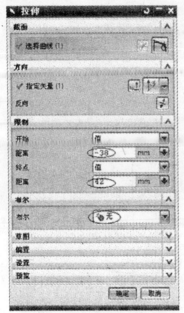

图 23-5 拉伸对话框

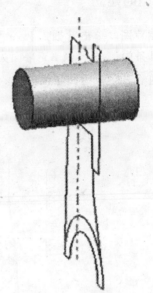

图 23-6 创建圆柱

图 23-7 拉伸对话框

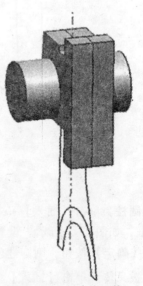

图 23-8 创建拨叉体

（4）建立拨叉体。单击【插入】→【设计特征】→【拉伸】，或者单击图标，弹出"拉伸"对话框，如图 23-9 所示，设置拉伸参数：起始对称值 8，结束对称值值为 16，布尔运算为求和，单击【确定】按钮，则拨叉体已被建立，如图 23-10 所示。

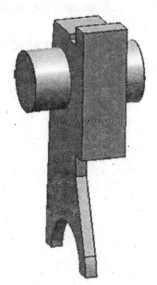

图 23-9　拉伸对话框　　　　　　图 23-10　创建拨叉杆

（5）建立拨叉细节。单击【插入】→【设计特征】→【拉伸】，或者单击图标 ，弹出"拉伸"对话框，如图 23-11 所示，设置拉伸参数：起始对称值为 16，结束对称值为 16，布尔运算为求和，单击【确定】按钮，则拨叉细节已被建立，如图 23-12 所示。

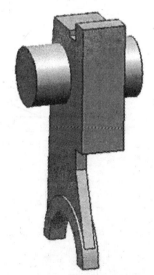

图 23-11　拉伸对话框　　　　　　图 23-12　建立拨叉杆细节

（6）建立孔特征。单击【插入】→【设计特征】→【拉伸】，或者单击图标▥，弹出"拉伸"对话框，如图 23-13 所示，设置拉伸参数：起始对称值为 50，结束对称值为50，布尔运算为求差，单击【确定】按钮，则孔特征已被建立，如图 23-14 所示。

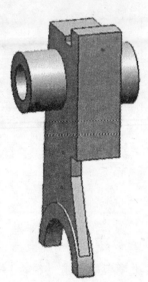

图 23-13　拉伸对话框　　　　图 23-14　创建孔特征

（7）绘制草图。单击【插入】→【草图】，或单击图标▤，在系统弹出的"草图平面选择"工具条中，选择以 YZ 平面为基准平面。绘制如图 23-15 所示的草图，单击【完成草图】按钮▨ 完成草图 返回建模模式。

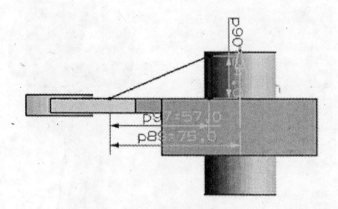

图 23-15　绘制草图

（8）建立筋板。单击【插入】→【设计特征】→【拉伸】，或者单击图标▥，弹出"拉伸"对话框，如图 23-16 所示，设置拉伸参数：起始对称值为 4，结束对称值为 4，布尔运算为求和，单击"确定"按钮，则筋板已被建立，如图 23-17 所示。

图 23-16　拉伸对话框

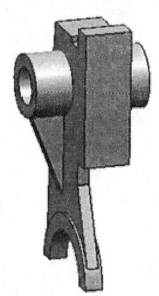

图 23-17　创建筋板

（9）绘制草图。单击【插入】→【草图】，或单击图标，在系统弹出的"草图平面选择"工具条中，选择以 YZ 平面为基准平面。绘制如图 23-18 所示的草图，单击【完成草图】按钮，返回建模模式。

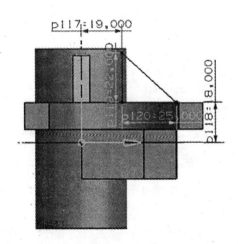

图 23-18　绘制草图

（10）建立筋板。单击【插入】→【设计特征】→【拉伸】，或者单击图标，弹出"拉伸"对话框，如图 23-19 所示，设置拉伸参数：起始对称值为 4，结束对称值为 4，布尔运算为求和，单击【确定】按钮，则筋板已被建立，如图 23-20 所示。

图 23-19　拉伸对话框

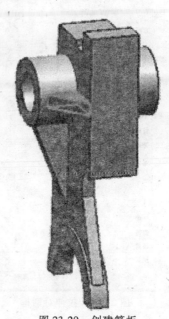

图 23-20　创建筋板

（11）建立基准平面。单击【插入】→【基准/点】→【基准平面】，或单击图标 🔲
系统弹出"基准平面"的对话框。选择如图 23-21 所示的两个平面，然后单击【确定】按
钮，则基准平面已被建立。

图 23-21　创建基准平面

（12）建立对称筋板。单击【插入】→【关联复制】→【镜像特征】，或单击图标
🔳，系统弹出如图 23-22 所示的"镜像特征"对话框。选择如图 23-23 所示的特征后单
击鼠标中键【确定】，然后选择上一步建立的基准平面后，单击【确定】按钮，则对称件
已被建立。

图 23-22　镜像特征对话框 　　　图 23-23　创建对称筋板

（13）建立沟槽。单击【插入】→【设计特征】→【键槽】，或者单击图标，弹出如图 23-24 所示的"键槽"对话框，选择"矩形键槽"并选中"通槽"选项，单击【确定】按钮。

（14）设置沟槽放置平面。单击"键槽"对话框中的"确定"按钮，弹出选择键槽放置平面的选项。选择如图 23-25 所示的键槽放置平面。

图 23-24　创建对称筋板 　　　图 23-25　选择放置平面

（15）设置沟槽放置位置。选中键槽放置平面后，弹出水平参考对话框，选择拉伸体的长度边作为键槽的水平参考方向如图 23-26 所示。选择水平参考后，弹出键槽通过面选项。选择如图 23-27 所示的面作为键槽通过面。

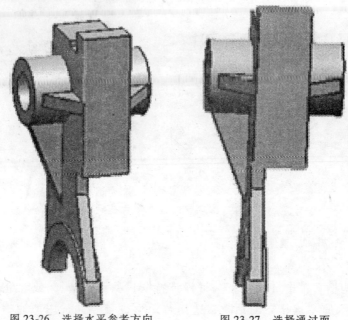

图 23-26　选择水平参考方向　　　　图 23-27　选择通过面

（16）设置键槽参数。选择键槽通过面后，弹出如图 23-28 所示的键槽参数对话框。设置键槽参数：宽度为 16，深度为 8。

图 23-28　键槽参数

（17）键槽的定位。在键槽参数对话框中单击【确定】按钮，弹出键槽定位对话框。单击【直线至直线间的距离】按钮工选择如图 23-29 所示的边为目标边，然后选择如键槽的中心线为工具边。单击【确定】按钮，则键槽已建立，如图 23-30 所示。

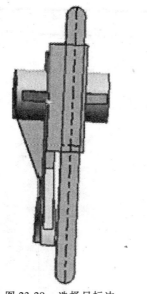

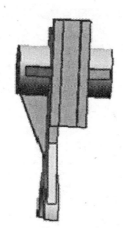

图 23-29　选择目标边　　　图 23-30　键槽建立

（18）建立孔特征。单击【插入】→【设计特征】→【孔】，或单击图标，系统弹出"孔"对话框。选择"简单孔"，然后选择如图 23-31 所示的孔放置平面，选择通过面为孔的内表面。设置孔的参数：孔的直径为 20。

（19）设置孔的放置位置。单击"孔"对话框中的【确定】按钮，弹出"定位"对话框，单击对话框中的【垂直】按钮，。系统提示用户选择定位的目标对象。孔的放置面的边作为定位对象，并在对话框中设置定位参数"16"，单击【应用】按钮。同样单击"垂直"按钮，孔的放置面的另一垂直边作为定位对象，并在对话框中设置定位参数"16"，单击【确定】按钮，则孔已被完全定位，如图 23-32 所示。

图 23-31　孔的放置平面　　　图 23-32　孔建立

（20）攻螺纹。单击【插入】→【设计特征】→【螺纹】，或单击图标，系统弹出 如图 23-33 所示的"螺纹"对话框。选择"符号"型螺纹，然后选择孔作为攻螺纹的位置，单击【确定】按钮，则螺纹已被创建，如图 23-34 所示。

图 23-33　螺纹对话框　　　　图 23-34　螺纹建立

（21）拨叉造型如图 23-35 所示。

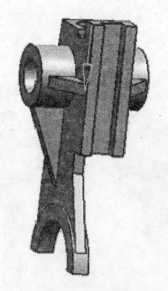

图 23-35　拨叉造型

23.3 课后练习

创建三维造型,尺寸如图23-36所示。

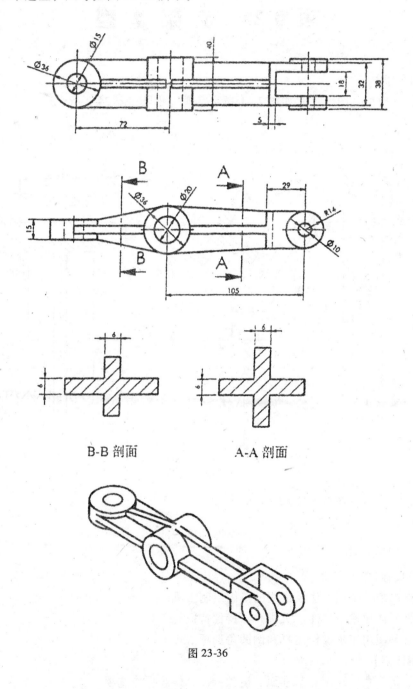

B-B 剖面   A-A 剖面

图 23-36

项目 24　支架造型

【项目要求】

创建拨叉模型。图形尺寸如图 24-1 所示，最终效果如图 24-2 所示。

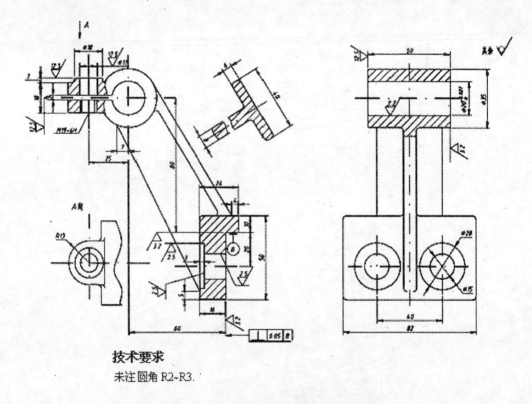

图 24-1　图形尺寸

【学习目标】

- 掌握拉伸的基本方法及常用的草图绘制工具。
- 掌握实体建模中拉伸、沉头孔、镜像特征等工具的用法。
- 了解和使用布尔操作运算和倒圆角选项。

【知识重点】

拉伸、沉头孔、草图、基准面、镜像特征、螺纹操作选项

【知识难点】

关联复制中的镜像特征，沉头孔的建立。

图 24-2 最终效果

24.1 设计思路

设计思路如图 24-3 所示。

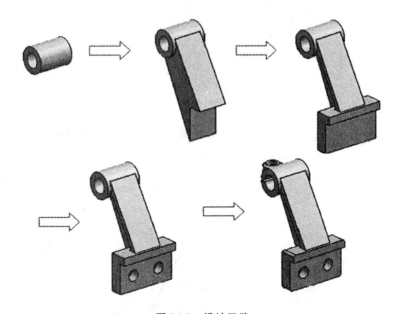

图 24-3 设计思路

24.2 操作步骤

24.2.1 新建文件

（1）启动 UG 程序，新建一个名称为 zhijia. prt 的部件文件，其单位为 mm。

（2）选择"模型"中模板样式为"模型"，单击【确定】进入建模模块。

24.2.2 模型的建立

（1）绘制草图。单击【插入】→【草图】，或单击图标 ，在系统弹出的"草图平面选择"工具条中，选择以 XZ 平面为基准平面。绘制如图 24-4 所示的草图，单击【完成草图】按钮 完成草图 返回建模模式。

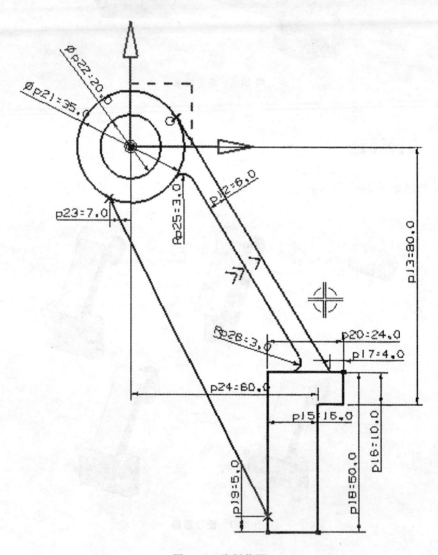

图 24-4　绘制草图

（2）建立圆柱。单击【插入】→【设计特征】→【拉伸】，或者单击图标 ，弹出"拉伸"对话框，如图 24-5 所示，设置拉伸参数：起始对称值为 25，结束对称值为 25，布尔运算为新建，单击【确定】按钮，则圆柱已被建立，如图 24-6 所示。

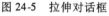

图 24-5　拉伸对话框　　　　　图 24-6　创建圆柱体

（3）建立支架杆。单击【插入】→【设计特征】→【拉伸】，或者单击图标，弹出"拉伸"对话框，如图 24-7 所示。设置拉伸参数：起始对称值为 20，结束对称值为 20，布尔运算为求和，单击【确定】按钮，则拨叉体已被建立，如图 24-8 所示。

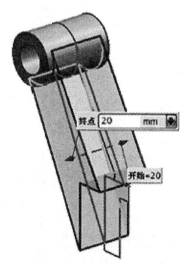

图 24-7　拉伸对话框　　　　　图 24-8　创建支架杆

（4）建立拨叉体。单击【插入】→【设计特征】→【拉伸】，或者单击图标，弹出"拉伸"对话框，如图 24-9 所示，设置拉伸参数：起始对称值为 41，结束对称值为

41，布尔运算为求和，单击【确定】按钮，则拨叉体已被建立，如图 24-10 所示。

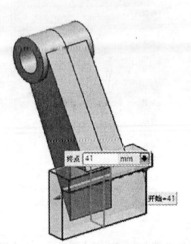

图 24-9　拉伸对话框　　　　　　　　　图 24-10　创建支架体

（5）建立减轻槽。单击【插入】→【设计特征】→【拉伸】，或者单击图标，弹出"拉伸"对话框，如图 24-11 所示，设置拉伸参数：起始对称值为 16，结束对称值为 16，布尔运算为求差，单击【确定】按钮，则拨叉细节已被建立，如图 24-12 所示。

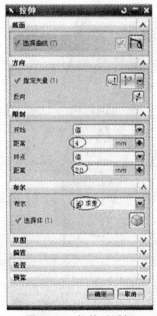

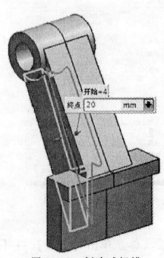

图 24-11　拉伸对话框　　　　　　　　　图 24-12　创建减轻槽

（6）建立孔特征。单击【插入】→【设计特征】→【孔】，或单击图标 ，系统弹出如图 24-13 所示"孔"对话框。选择"沉头孔"，然后选择如图 24-14 所示的孔放置平面，选择通过面为孔的内表面。设置孔的参数：沉头孔的直径为 28，沉头孔深度为 3，孔径为 15。

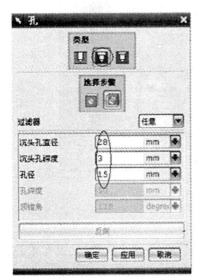

图 24-13 孔对话框

图 24-14 孔的放置平面

（7）建立对称特征。单击【插入】→【关联复制】→【镜像特征】，或单击图标 ，系统弹出"镜像特征"对话框。选择如图 24-15 所示的特征后单击鼠标中键"确定"，然后选择绝对坐标 XZ 的基准平面，单击【确定】按钮，则对称特征已被建立，如图 24-16 所示。

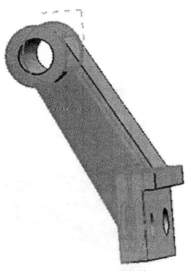

图 24-15 选择镜像体

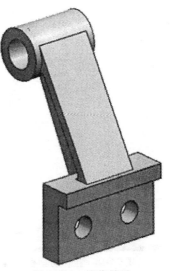

图 24-16 镜像结果

（8）绘制草图。单击【插入】→【草图】，或单击图标 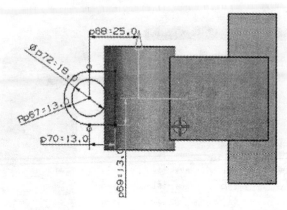，在系统弹出的"草图平面选择"工具条中，选择以 XY 平面为基准平面。绘制如图 24-17 所示的草图，单击【完成草图】按钮 [∦] 完成草图，返回建模模式。

图 24-17　绘制草图

（9）建立凸台。单击【插入】→【设计特征】→【拉伸】，或者单击图标 ，弹出"拉伸"对话框，如图 24-18 所示，设置拉伸参数：起始对称值为 9，结束对称值为 9，布尔运算为求和，单击【确定】按钮，则凸台已被建立，如图 24-19 所示。

图 24-18　拉伸对话框

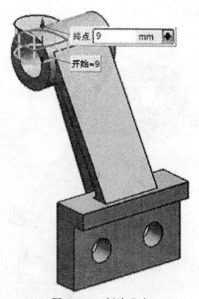

图 24-19　创建凸台

（10）建立圆台。单击【插入】→【设计特征】→【拉伸】，或者单击图标 ，弹出"拉伸"对话框，如图 24-20 所示，设置拉伸参数：起始值 0，结束值为 12，布尔运算为求和，单击【确定】按钮，则筋板已被建立，如图 24-21 所示。

图 24-20　拉伸对话框

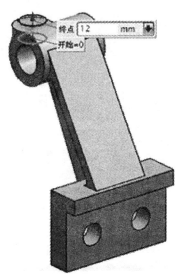

图 24-21　创建圆台

（11）绘制草图。单击【插入】→【草图】，或单击图标 ，在系统弹出的"草图平面选择"工具条中，选择以 XZ 平面为基准平面。绘制如图 24-22 所示的草图，单击【完成草图】按钮 ，返回建模模式。

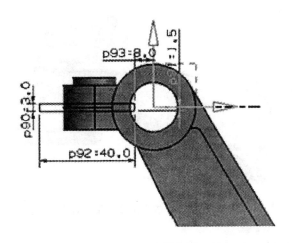

图 24-22　绘制草图

（12）建立方槽。单击【插入】→【设计特征】→【拉伸】，或者单击图标，弹出"拉伸"对话框，如图 24-23 所示。设置拉伸参数：起始为贯通，结束为贯通，布尔运算为求差，单击【确定】按钮，则筋板已被建立，如图 24-24 所示。

图 24-23　拉伸对话框

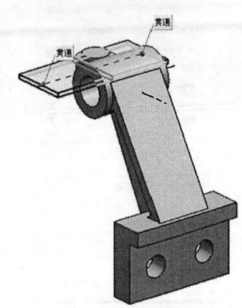

图 24-24　创建键槽

（13）建立孔特征。单击【插入】→【设计特征】→【孔】，或单击图标，系统弹出"孔"对话框。选择"简单孔"，然后选择如图 24-25 所示的孔放置平面，选择通过面为孔的内表面。设置孔的参数：孔的直径为 11。

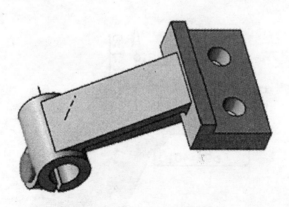

图 24-25　选择孔的放置平面

（14）设置孔的放置位置。单击"孔"对话框中的【确定】按钮，弹出"定位"对话框，单击对话框中的【点到点】按钮 。系统提示用户选择定位的目标对象。孔的放置面的边作为定位对象，并选择圆弧中心。则孔已被完全定位，如图 24-26 所示。

图 24-26 创建孔特征

（15）建立孔特征。单击【插入】→【设计特征】→【孔】，或单击图标 ，系统弹出"孔"对话框。选择"简单孔"，然后选择如图 24-27 所示的孔放置平面，选择通过面为孔的内表面。设置孔的参数：孔的直径为 19。

（16）设置孔的放置位置。单击"孔"对话框中的【确定】按钮，弹出"定位"对话框，单击对话框中的"点到点"按钮 。系统提示用户选择定位的目标对象。孔的放置面的边作为定位对象，并选择圆弧中心。则孔已被完全定位。如图 24-28 所示。

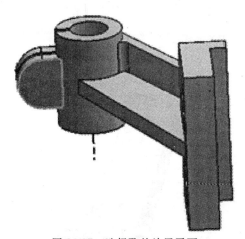

图 24-27 选择孔的放置平面

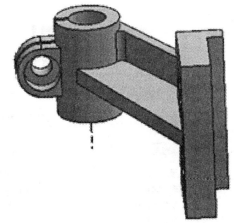

图 24-28 创建孔特征

（17）攻螺纹。单击【插入】→【设计特征】→【螺纹】，或单击图标 ，系统弹出如图 24-29 所示的"螺纹"对话框。选择"符号"型螺纹，然后选择孔作为攻螺纹的位置，单击【确定】按钮，则螺纹已被创建，如图 24-30 所示。

图 24-29　螺纹对话框

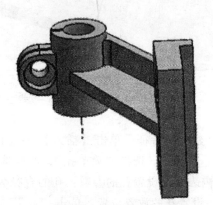

图 24-30　创建的螺纹

（18）边倒圆。单击【插入】→【细节特征】→【倒圆】，或单击图标 ，系统弹出如图 24-31 所示的"边倒圆"对话框。选择倒圆边如图 24-32 所示，单击【确定】按钮。

图 24-31　边倒圆对话框

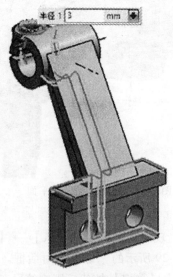

图 24-32　选择倒圆边

（19）拨叉造型如图 24-33 所示。

图 24-33　最终效果

24.3　课后练习

创造三维造型，尺寸如图 24-34 所示。

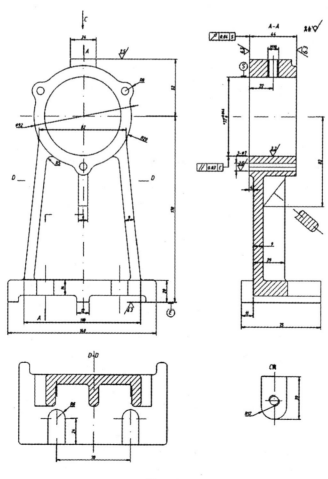

图 24-34

第4章

曲　面

项目 25 五　角　星

【项目要求】

创建五角星模型。图形尺寸如图 25-1 所示，最终效果如图 25-2 所示。

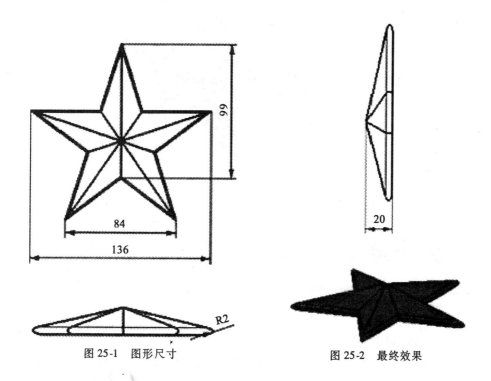

图 25-1　图形尺寸

图 25-2　最终效果

【学习目标】

● 掌握常用的草图绘制工具。

● 掌握曲面建模中直纹面工具的用法。

【知识重点】

草图和直纹面操作选项。

【知识难点】

直纹面的建立。

25.1　设计思路

设计思路如图 25-3 所示。

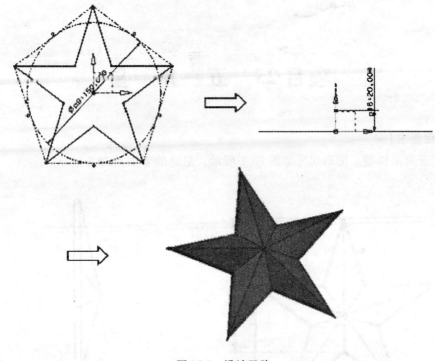

图 25-3　设计思路

25.2　操作步骤

25.2.1　新建文件

（1）启动 UG 程序，新建一个名称为 wujiaoxing. prt 的部件文件，其单位为 mm。

（2）选择"模型"中模板样式为"模型"，单击【确定】进入建模模块。

25.2.2　模型的建立

（1）绘制草图。单击【插入】→【草图】，或单击图标，在系统弹出的"草图平面选择"工具条中，选择以 XY 平面为基准平面。绘制如图 25-4 所示的草图，单击"完成草图"按钮，返回建模模式。

（2）绘制草图。单击【插入】→【草图】，或单击图标，在系统弹出的"草图平面选择"工具条中，选择以 YZ 平面为基准平面。绘制如图 25-5 所示的草图，单击【完成草图】按钮，返回建模模式。

（3）建立五角星。单击【插入】→【网格曲面】→【直纹面】，或者单击图标，弹出"直纹面"对话框，如图 25-6 所示，首先选择第二步所创建的草图点，然后选择第一步所创建的草图。选择"参数"和"保留形状"，单击【确定】按钮，则五角星已被建立，如图 25-7 所示。

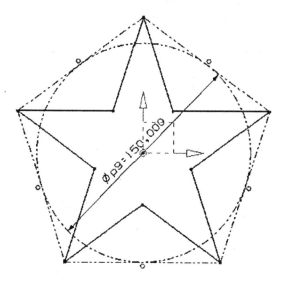

图 25-4　绘制草图

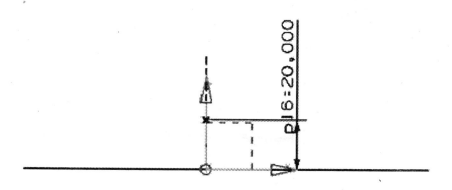

图 25-5　绘制草图

图 25-6　直纹面对话框

图 25-7　五角星模型

（4）边倒圆。单击【插入】→【细节特征】→【倒圆】，或单击图标，系统弹出如图 25-8 所示的"边倒圆"对话框。选择如图 25-9 所示的边倒圆。

图 25-8　边倒圆对话框

图 25-9　选择边倒圆

（5）五角星造型如图 25-10 所示。

图 25-10　最终效果

25.3　知识链接

直纹面

直纹面可以理解为通过一系列直线连接两组线串而形成的一张曲面。在创建直纹面时只能使用两组线串，这两组线串可以是封闭的，也可以是不封闭的。

创建直纹面步骤：

（1）选择命令。选择下拉菜单【插入】→【网格曲面】→【直纹面】，或者单击图标，系统弹出如图 25-11 所示的"直纹面"对话框。

（2）选取剖面线串 1，单击中键确认。

（3）选取剖面线串 2。

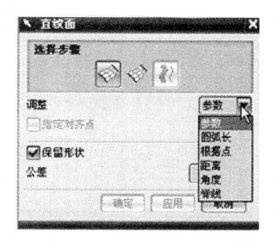

图 25-11　直纹面对话框

（4）设置对齐方式。在"直纹面"对话框中选择对齐下拉列表中的参数选项，取消选中保留形状复选项。

（5）在"直纹面"对话框中单击确定按钮（或单击中键），完成直纹面的创建。

"直纹面"对话框中的部分选项说明如下：

1. 选择步骤：用于选择剖面线串 1、剖面线串 2 和脊线串。

（剖面线串 1）：打开对话框后系统默认选中此按钮，用户可在图形区中选取一条曲线作为剖面线串 1。

（剖面线串 2）：单击此按钮后，在图形区选取一条曲线作为剖面线串 2。

（脊线串）：在脊线对齐方式中，单击按钮被按下后，用户可在图形区中选取一条曲线作为脊线。

2. 调整：该下拉列表包括"参数"、"圆弧长"、"根据点"、"距离"、"角度"和"脊线"六种对齐方式。

"参数"：在构建曲面时，在两组剖面线间根据等参数方式建立对接点，对于直线来说，是根据等距离来划分对接点的；对于曲线，则是根据等角度来划分对接点的。

"圆弧长"：对两组剖面线和等参数曲线，根据等弧长方式建立连接点。

根据点：用户在两组剖面线串间选择一些点作为强制的对应点。

"距离"：在指定矢量上将点沿每条曲线以等距离隔开。

角度：在构建曲面时，用户先选定一条轴线，使用通过这条轴线的等角度平面与两条剖面线的交点作为直纹面对应的连接点。

"脊线"：用户先选定一条脊线，使垂直于脊线的平面与剖面线串的交点作为创建直纹面的连接对应点。

25.4 课后练习

创建曲面造型，尺寸如图 25-12 所示。

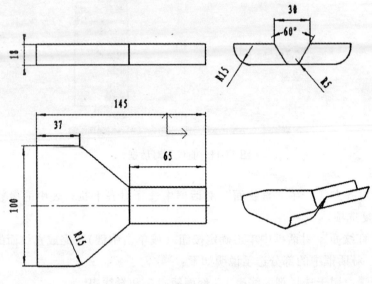

图 25-12

项目 26 鼠标造型

【项目要求】

创建鼠标模型。图形尺寸如图 26-1 所示，最终效果如图 26-2 所示。

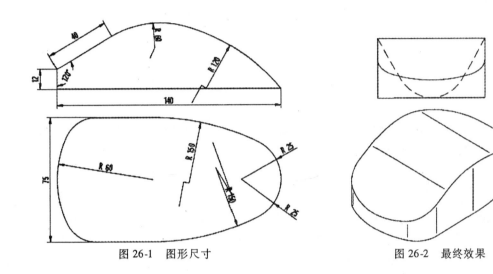

图 26-1　图形尺寸　　　　　　　图 26-2　最终效果

【学习目标】

● 掌握拉伸的基本方法及常用的草图绘制工具。

● 了解和使用布尔操作选项。

【知识重点】

拉伸、草图、修剪体操作选项。

【知识难点】

用建实体的方式创建曲面模型。

26.1　设计思路

设计思路如图 26-3 所示。

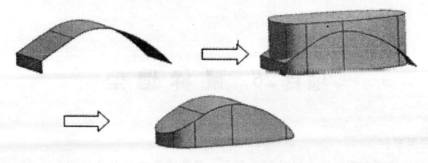

图 26-3　设计思路

26.2　操作步骤

26.2.1　新建文件

（1）启动 UG 程序，新建一个名称为 shubiao. prt 的部件文件，其单位为 mm。

（2）选择"模型"中模板样式为"模型"，单击【确定】进入建模模块。

26.2.2　模型的建立

（1）绘制草图。单击【插入】→【草图】，或单击图标 ，在系统弹出的"草图平面选择"工具条中，选择以 XY 平面为基准平面。绘制如图 26-4 所示的草图，单击【完成草图】按钮 完成草图 ，返回建模模式。

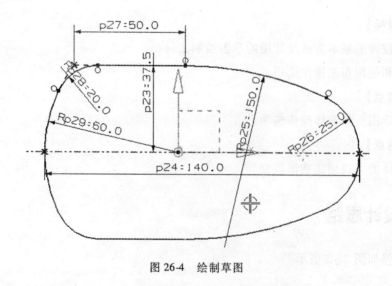

图 26-4　绘制草图

（2）绘制草图。单击【插入】→【草图】，或单击图标 ，在系统弹出的"草图平面选择"工具条中，选择以 XZ 平面为基准平面。绘制如图 26-5 所示的草图，单击【完成草图】按钮 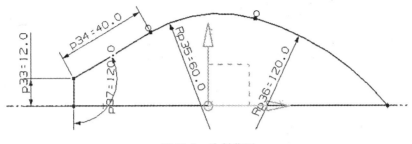，返回建模模式。

图 26-5　绘制草图

（3）建立片体。单击【插入】→【设计特征】→【拉伸】，或者单击图标 ，弹出 "拉伸"对话框，如图 26-6 所示。设置拉伸参数：起始对称值为 37.5，结束对称值为 37.5，布尔运算为创建，单击【确定】按钮，则片体已被建立，如图 26-7 所示。

图 26-6　拉伸对话框

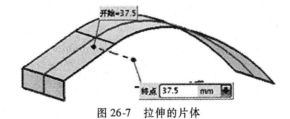

图 26-7　拉伸的片体

（4）建立鼠标体。单击【插入】→【设计特征】→【拉伸】，或者单击图标 ，弹出 "拉伸"对话框，如图 26-8 所示。设置拉伸参数：起始对称值为 41，结束对称值为 41，布尔运算为求和，单击【确定】按钮，则拨叉体已被建立，如图 26-9 所示。

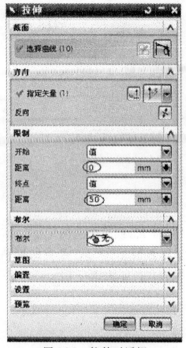

图 26-8 拉伸对话框

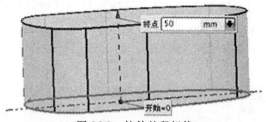

图 26-9 拉伸的鼠标体

（5）建立鼠标。单击【插入】→【修剪】→【修建体】，或者单击图标 ，弹出"修建体"对话框，如图 26-10 所示。设置拉伸参数：起始值为 16，结束对称值为 16，布尔运算为求差，单击【确定】按钮，则拨叉细节已被建立，如图 26-11 所示。

图 26-10 修剪体对话框

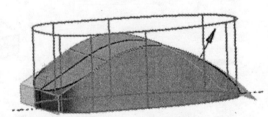

图 26-11 修剪的结果

（6）鼠标造型如图 26-12 所示。

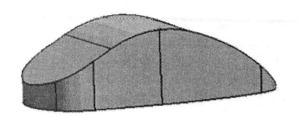

图 26-12 最终效果

26.3 知识链接

通过曲线组

使用"通过曲线组"命令可以通过同一方向上的一组曲线轮廓线创建曲面（当轮廓线封闭时，生成的则为实体）。曲线轮廓线称为剖面线串，剖面线串可由单个对象或多个对象组成，每个对象都可以是曲线、实体边等。

1. 创建通过曲线组步骤：

（1）选择命令。选择下拉菜单【插入】→【网格曲面】→【通过曲线组】，或者单击图标 ，系统弹出如图 26-13 所示的"通过曲线组"对话框。

（2）选取剖面线串。在图形区中依次选择曲线串 1、曲线串 2 和曲线串 3 等曲线串，并分别单击中键确认。

注意：选取剖面线串后，图形区显示的箭头矢量应该处于剖面线串的同侧，否则生成的片体将被扭曲。后面介绍的通过曲线网格创建曲面也有类似问题。

（3）设置参数。在"通过曲线组"对话框中设置所需要的参数后，单击确定按钮完成曲面的创建。

2. "通过曲线组"对话框中的部分选项说明如下：

● 剖面线串列表框：用于显示被选取的剖面线。

● 连续性区域：该区域用于对所生成曲面的起始端和终止端定义约束条件。

G0：生成的曲面与指定面点连续。

G1：生成的曲面与指定面相切连续。

G2：生成的曲面与指定面曲率连续。

单击该按钮后，用户可以在图形区中选取约束面。

● 补片类型下拉列表：该列表中包含"单个"，"多个"和"匹配字符串"三个选项。

● 对齐下拉列表：该下拉表中的选项与"直纹面"命令中相似，除了包括参数、圆弧长、根据点、距离、角度和脊线六种对齐方法外，还有一个"根据分段"选项，其具体使用方法介绍如下。

根据分段：根据包含段数最多的剖面曲线，按照每一段曲面的长度比例划分其余的剖面曲线，并建立连接对应点。

构造选项下拉列表：该下拉表包括"正常"、"样条"和"简单"三个选项。

图 26-13　通过曲线组对话框

　　a. 正常：使用标准方法构造曲面，该方法比其他方法建立的曲面有更多的补片数。

　　b. 样条点：利用输入曲线的定义点和该点的斜率值来构造曲面。要求每条线串都要使用单根 B 样条曲线，并且有相同的定义点，该方法可以减少补片数，简化曲面。

　　c. 简单：用最少的补片数构造尽可能简单的曲面。

　　V 向阶次文本框：该文本框用于输入生成曲面的 V 向阶次，通过曲线组所创建的曲面的 V 向阶次取决于补片类型和选择剖面线串的数量，并且设置的最大阶次必须比所选择的剖面线串数量少 1。

　　当选取剖面线串后，在剖面线串栏中选择一组剖面线串，则"通过曲线组"对话框中的一些按钮被激活。

3. "通过曲线组"对话框中的部分按钮说明如下：

- ● ⬆（向上移动串）：单击该按钮，选中的剖面线串移至上一个剖面线串的上级。
- ● ⬇（向下移动串）：单击该按钮，选中的剖面线串移至下一个剖面线串的下级。
- ● ✖（移除线串）：单击该按钮，选中的剖面线串被删除。

项目 27　头盔耳罩

【项目要求】

创建头盔耳罩模型。图形尺寸如图 27-1 所示，最终效果如图 27-2 所示。

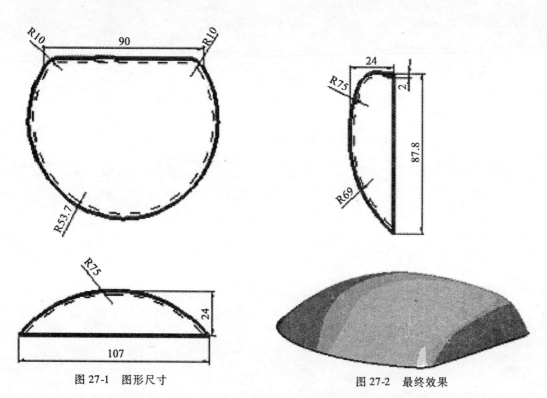

图 27-1　图形尺寸　　　　　　　　　　图 27-2　最终效果

【学习目标】

● 掌握常用的草图绘制工具。

● 掌握曲面建模中通过曲线工具的用法。

● 掌握抽壳工具在曲面建模中的用法。

【知识重点】

草图、通过曲线和抽壳操作选项。

【知识难点】

通过曲线的建立。

27.1　设计思路

设计思路如图 27-3 所示。

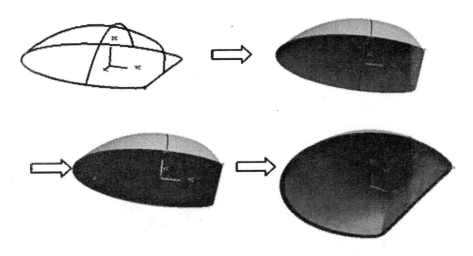

图 27-3　设计思路

27.2　操作步骤

27.2.1　新建文件

（1）启动 UG 程序，新建一个名称为 toukuierzhao. prt 的部件文件，其单位为 mm。

（2）选择"模型"中模板样式为"模型"，单击【确定】进入建模模块。

27.2.2　模型的建立

（1）绘制草图。单击【插入】→【草图】，或单击图标 🔳，在系统弹出的"草图平面选择"工具条中，选择以 XY 平面为基准平面。绘制如图 27-4 所示的草图，单击【完成草图】按钮 🌼 完成草图，返回建模模式。

（2）绘制草图。单击【插入】→【草图】，或单击图标 🔳，在系统弹出的"草图平面选择"工具条中，选择以 YZ 平面为基准平面。绘制如图 27-5 所示的草图，单击【完成草图】按钮 🌼 完成草图，返回建模模式。

（3）绘制草图。单击【插入】→【草图】，或单击图标 🔳，在系统弹出的"草图平面选择"工具条中，选择以 XZ 平面为基准平面。绘制如图 27-6 所示的草图，单击【完成草图】按钮 🌼 完成草图，返回建模模式。

（4）创建点。单击【插入】→【基准/点】→【点】，或单击图标 ┼，弹出"点"对话框，如图 27-7 所示，单击【交点】按钮，选择如图 27-8 所示的曲线交点。单击【确

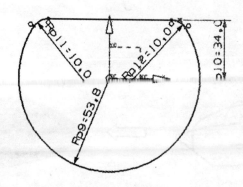

图 27-4　绘制草图

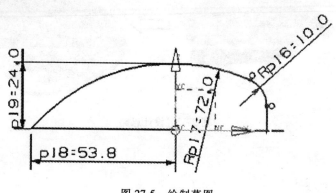

图 27-5　绘制草图

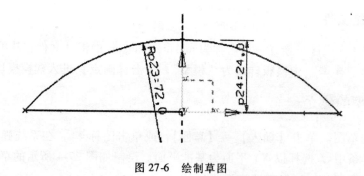

图 27-6　绘制草图

定】按钮，则曲线的交点已建立。

（5）建立耳罩片体。单击【插入】→【网格曲面】→【通过曲线网格】，或者单击图标 ，弹出"通过曲线网格"对话框，如图 27-9 所示。首先选择第一步创建的曲线和第四步创建的点作为主曲线，然后选择第二步和第三步创建的曲线作为交叉曲线（注意：必须依次选择五条线作为交叉曲线，否则容易造成曲面扭曲）。单击【确定】按钮，则耳罩片体已被建立，如图 27-10 所示。

图 27-7 点对话框

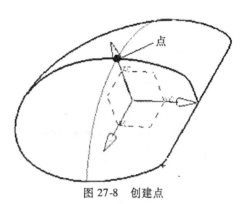

图 27-8 创建点

图 27-9 通过曲线网格对话框

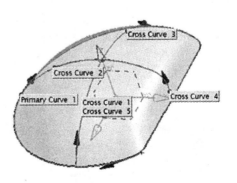

图 27-10 创建耳罩片体

（6）建立耳罩底面。单击【插入】→【曲面】→【有界平面】，或者单击图标，弹出"有界平面"对话框，如图 27-11 所示。选择如图 27-12 所示的曲线作为边界线串，单击【确定】按钮，则耳罩底面已被建立。

图 27-11　有界平面对话框

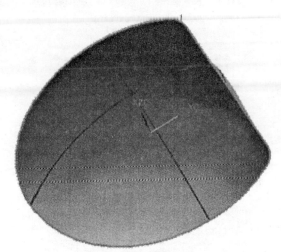

图 27-12　选择边界线串

（7）合并曲面。单击【插入】→【组合体】→【缝合】，或单击图标，系统弹出如图 27-13 所示的"缝合"对话框。选择第五步和第六步创建的曲面，将其缝合，由于两曲面被缝合后形成一个封闭区域，这样曲面就变成了一个实体。如图 27-14 所示。

图 27-13　缝合对话框

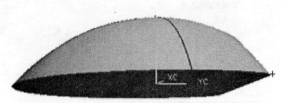

图 27-14　合并曲面

（8）建立头盔耳罩。单击【插入】→【偏置/缩放】→【抽壳】，或者单击图标，弹出"抽壳"对话框，如图 27-15 所示。设置抽壳参数：厚度为 2。选择如图 27-16 所示的面作为移出面，单击【确定】按钮，则头盔耳罩已被建立。

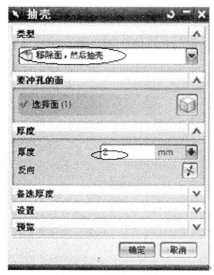

图 27-15　抽壳对话框

图 27-16　选择移出面

（9）头盔耳罩造型如图 27-17 所示。

图 27-17　最终效果

27.3　知识链接

通过曲线网格

使用"通过曲线网格"命令可以沿着不同方向的两组线串创建曲面。一组同方向的线串定义为主曲线，另外一组和主线串不在同一平面的线串定义为交叉线串，定义的主曲线与交叉线串必须在设定的公差范围内相交。这种创建曲面的方法定义了两个方向的控制曲线，可以很好地控制曲面的形状，因此它也是最常用的创建曲面的方法之一。

1. 创建通过曲线网格步骤：

（1）选择下拉菜单【插入】→【网格曲面】→【通过曲线组】，或者单击图标，
系统弹出如图 27-18 所示的"通过曲线网格"对话框。

图 27-18　通过曲线网格对话框

（2）定义主线串。在图形区中依次选择曲线串 1 和曲线串 2 为主线串，并分别单击
中键确认。

（3）定义交叉线串。单击中键完成主线串的选取，在系统选择交叉线串的提不下，
在图形区依次选择曲线串 3 和曲线串 4 为交叉线串，分别单击中键确认。

（4）单击确定按钮完成"通过曲线网格"曲面的创建。

2."通过曲线网格"对话框的部分选项说明如下：

● 选择步骤区域：该区域允许用户在不同的选择步骤之间切换。

主线串：用于选择主线串。

交叉线串：用于选择交叉线串。

脊线串：用于选择脊线串来控制交叉线串的参数化。选择脊线串能提高曲面的光顺
度。当选择脊线串时，要求第一和最后一组主线串必须是平面曲线，并且脊线串必须垂直
于第一和最后一组主线串。

主模板线串：当在构造选项下拉列表中选择"简单"选项时，该按钮被激活，用于
选择主模板线串。

交叉模板线串：当在构造选项下拉列表中选择"简单"选项时，该按钮被激活，用
于选择交叉模板线串。

● 主线串列表框：用于显示被选取的主线串。

● 交叉线串列表框：用于显示被选取的交叉线串。

● 强调下拉列表：该下拉列表用于控制系统在生成曲面的时候，更强调主线串还是交叉线串，或者在两者有同样效果。

两个皆是：系统在生成曲面的时候，主线串和交叉线串有同样效果。

主线串：系统在生成曲面的时候，更强调主线串。

叉号：系统在生成曲面的时候，交叉线串更有影响。

● 构造选项下拉列表：该下拉列表与"通过曲线组"对话框中的相似，也分为"正常"、"样条线"和"简单"三个选择。

● 重建区域：使用重建提高曲面品质，方法是重定义主线串和交叉线串的阶次和节点。

● 主线串选项组：重定义主线串的阶次和节点。

无：关闭重建。

手工：手动指定引导线和（或）剖面的次数。

自动：尝试重建无分段的曲面，直至达到最高次数为止。

● 叉号选项组：重定义交叉线串的阶次和节点，具体内容与主要选项组相似。

27.4　课后练习

创建曲面造型，尺寸如图 27-19 所示。

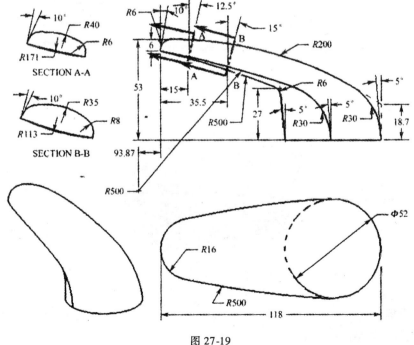

图 27-19

项目 28 棘 轮

【项目要求】

创建棘轮模型。图形尺寸如图 28-1 所示，最终效果如图 28-2 所示。

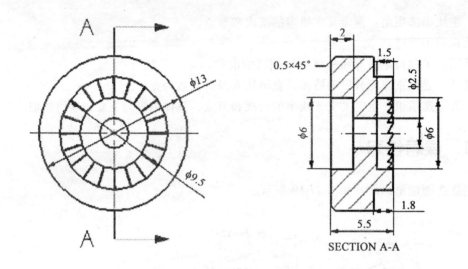

图 28-1 图形尺寸

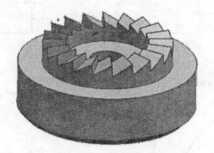

图 28-2 最终效果

【学习目标】

- 掌握常用的草图绘制工具。
- 掌握曲面建模中通过曲线工具的用法。
- 掌握曲面建模中实例引用的用法。

【知识重点】

草图、通过曲线和实例引用操作选项。

【知识难点】

通过曲线的建立。

28.1 设计思路

设计思路如图 28-3 所示。

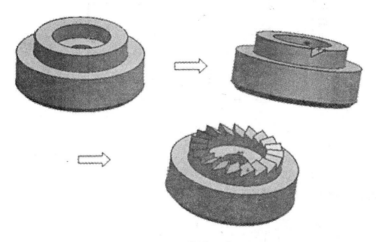

图 28-3 设计思路

28.2 操作步骤

28.2.1 新建文件

（1）启动 UG 程序，新建一个名称为 jilun. prt 的部件文件，其单位为 mm。

（2）选择"模型"中模板样式为"模型"，单击【确定】进入建模模块。

28.2.2 模型的建立

（1）绘制草图。单击【插入】→【草图】，或单击图标，在系统弹出的"草图平面选择"工具条中，选择以"XY"平面为基准平面。绘制如图 28-4 所示的草图，单击【完成草图】按钮，返回建模模式。

（2）建立棘轮体。单击【插入】→【设计特征】→【回转】，或者单击图标，弹出"回转"对话框，如图 28-5 所示。设置回转参数：起始角度 0，结束角度为 360，布尔运算为新建，单击【确定】按钮，则棘轮体被建立，如图 28-6 所示。

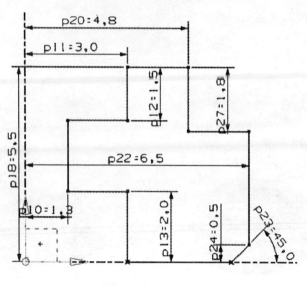

图 28-4 绘制草图

图 28-5 回转对话框

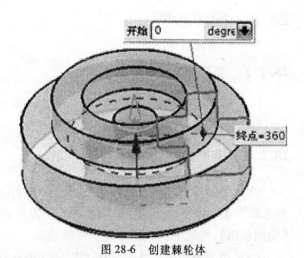

图 28-6 创建棘轮体

（3）绘制草图。单击【插入】→【草图】，或单击图标 ，在系统弹出的"草图平面选择"工具条中，选择以棘轮上表面为基准平面。绘制如图 28-7 所示的草图，单击【完成草图】按钮 ，返回建模模式。

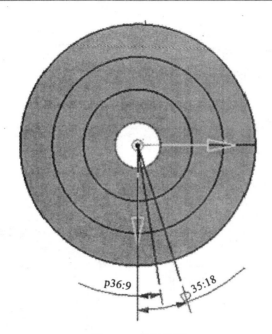

图 28-7　绘制草图

（4）建立基准点。单击【插入】→【基准/点】→【点】，或单击图标 十，弹出"点"对话框，如图 28-8 所示。单击"交点"按钮，依次选择如图 28-9 所示的曲面和直线，单击【确定】按钮创建交点。

图 28-8　点对话框

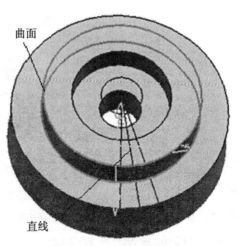

图 28-9　创建基准点

（5）建立基准平面。单击【插入】→【基准/点】→【基准平面】，或单击图标 ，
弹出"基准平面"对话框，如图 28-10 所示。单击"点和方向"按钮，依次选择如图
28-11所示的点和直线。单击【确定】按钮，创建基准平面。

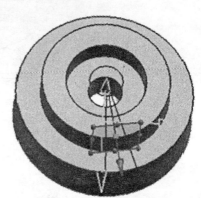

图 28-10　基准平面对话框　　　　　　图 28-11　创建基准平面

（6）建立交点。单击【插入】→【基准/点】→【点】，或单击图标 ，弹出"点"
对话框，单击"交点"按钮，依次选择如图 28-12 所示的上一步建立的基准面和另外两条
曲线，单击【确定】按钮创建两交点。

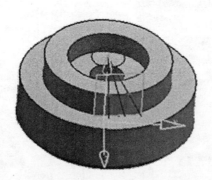

图 28-12　创建交点

（7）绘制草图。单击【插入】→【草图】，或单击图标 ，在系统弹出的"草图平
面选择"工具条中，选择以第 5 步创建的基准平面为草图基准面。绘制如图 28-13 所示
的草图，单击【完成草图】按钮 完成草图，返回建模模式。

（8）建立基准点。单击【插入】→【基准/点】→【点】，或单击图标 ，弹出
"点"对话框，单击【交点】按钮，依次选择如图 28-14 所示的曲线和直线，单击【确

定】按钮创建交点。

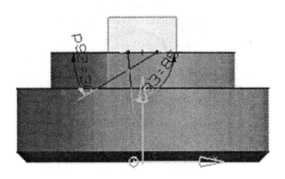

图 28-13　绘制草图

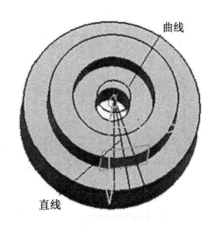

曲线

直线

图 28-14　创建交点

（9）建立基准平面。单击【插入】→【基准/点】→【基准平面】，或单击图标 ，弹出"基准平面"对话框，单击"点和方向"按钮，依次选择如图 28-15 所示的点和直线，单击【确定】按钮，创建基准平面。

（10）建立交点。单击【插入】→【基准/点】→【点】，或单击图标 ，弹出"点"对话框，单击"交点"按钮，依次选择如图 28-16 所示的上一步建立的基准面和另外两条曲线，单击【确定】按钮创建两交点。

（11）绘制草图。单击【插入】→【草图】，或单击图标 ，在系统弹出的"草图平面选择"工具条中，选择以第 9 步创建的基准平面为草图基准面。绘制如图 28-17 所示的草图，单击【完成草图】按钮 ，返回建模模式。

（12）建立棘轮齿。单击【插入】→【网格曲面】→【通过曲线组】，弹出"通过曲线组"对话框，如图 28-18 所示。依次选择第 7 步和第 11 步创建的草图曲线，单击【确定】按钮，创建棘轮齿。如图 28-19 所示。

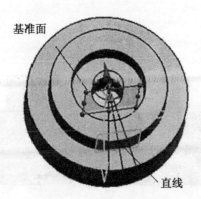

图 28-15　创建基准平面

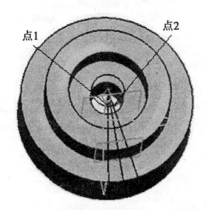

图 28-16　创建交点

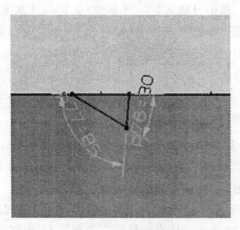

图 28-17　绘制草图

图 28-18 通过曲线组对话框

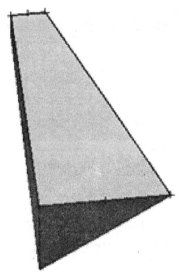

图 28-19 创建的棘轮齿

（13）建立棘齿。单击【插入】→【组合体】→【求差】，或者单击图标，弹出"求差"对话框，如图 28-20 所示。选择回转体为目标体，以创建的棘轮齿作为工具体，单击【确定】按钮，创建出棘轮齿，如图 28-21 所示。

图 28-20 求差对话框

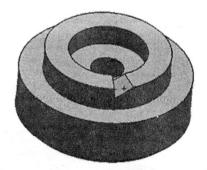

图 28-21 创建棘轮齿

（14）建立全部棘轮齿。单击【插入】→【关联复制】→【实例特征】，或者单击图标，弹出"实例特征"对话框，如图 28-22 所示。选择"圆形阵列"单击【确定】按钮，弹出"实例特征引用特征"对话框，选择图 28-23 中所示的特征。

图 28-22　实例对话框

图 28-23　实例引用特征

（15）设置参数。单击"确定"按钮，弹出"实例设置参数"对话框，如图 28-24 所示。设置参数的方法为：常规，数量为：20，角度为：18，选择基准轴为绝对坐标轴 Y 轴，单击【是】后，创建出所有的棘轮齿，如图 28-25 所示。

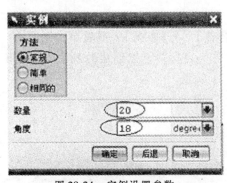

图 28-24　实例设置参数

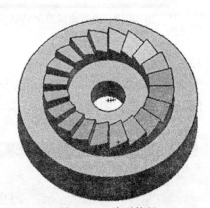

图 28-25　阵列特征

（16）棘轮齿造型如图 28-26 所示。

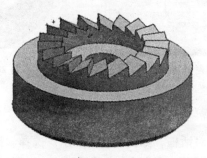

图 28-26　最终效果

28.3　知识链接

扫掠曲面

扫掠曲面就是用规定的方式沿一条（或多条）空间路径（引导线串）移动轮廓线（剖面线串）而生成的曲面。

剖面线串可以由单个或多个对象组成，每个对象可以是曲线、边缘或实体面，每组剖面线串内的对象的数量可以不同。剖面线串的数量可以是 1～50 之间的任意数值。

引导线串在扫描过程中控制着扫描体的方向和比例。在创建扫描体时，必须提供一条、两条或三条引导线串。提供一条引导线不能完全控制剖面大小和方向变化趋势，需要进一步指定剖面变化的方法；提供两条引导线时，可以确定剖面线沿引导线扫描的方向趋势，但是尺寸可以改变，还需要设置剖面比例变化；提供三条引导线时，完全确定了剖面线被扫描时的方位和尺寸变化，无须另外指定方向和比例就可以直接生成曲面。

下面介绍扫掠曲面特征的一般创建过程。

1. 选取一组引导线的方式进行扫掠

（1）选择下拉菜单【插入】→【扫掠】→【扫掠】命令（或在"曲面"工具栏中单击"扫掠"按钮　），系统会弹出如图 28-27 所示的"扫掠"对话框。

（2）定义截面线串。

（3）定义引导线串。

"扫掠"对话框中对齐方法和截面位置的选项说明如下：

● 对齐方法选项组：用来设置扫描时定义曲线间的对齐方式，包括参数和圆弧长三种方式。

参数选项：沿定义曲线将等参数曲线所通过的点以相等的参数间隔隔开。

圆弧长选项：沿定义曲线将等参数曲线要通过的点以相等的圆弧长间隔隔开。

● 截面位置选项组：包括导线末端和沿导线任何位置两个选项，用于定义剖面的位置。

导线末端选项：剖面位置位于引导线末端。

沿导线任何位置选项：剖面位置可以在引导线的任意位置。

● 保留形状复选框：保留曲面的形状。

（4）定义定位方法。

"扫掠"对话框中定位方法的选项说明如下：

在扫描时，剖面线的方向无法唯一确定，所以需要通过添加约束来确定。该对话框的按钮主要用于对扫描曲面方向进行控制。

● 固定：在剖面线串沿着引导线串移动时，保持固定的方向，并且结果是简单平行的或平移的扫掠。

● 面的法向：局部坐标系第 2 个轴与一个或多个沿着引导线串每一点指定公有基面的

图 28-27　扫掠对话框

法向向量一致，这样约束剖面线串保持和基面的固定联系。

● 矢量方向：局部坐标系的第 2 个轴和用户在整个引导线串上指定的矢量一致。

● 另一曲线：通过连接引导线串上相应的点和另一条曲线来获得局部坐标系的第 2 个轴（就好像在它们之间建立了一个直纹片体）。

● 一个点：与另一条曲线相似，不同之处在于第 2 个轴的获取是通过引导线串和点之间的三面直纹片体的等价对象实现的。

● 角度规律：让用户使用规律子函数定义一个规律来控制方向。旋转角度规律的方向控制具有一个最大值（限制），为 100 圈（转），共 36000°。

● 强制方向：沿导线串扫掠剖面线串时，用户使用一个矢量固定剖面方向。

（5）定义缩放方法。

"扫掠"对话框中缩放方法的选项说明如下：

在"扫掠"对话框中缩放方法选项，使得用户可以定义一种扫描曲面的比例缩放方式。

● 恒定的：在扫描过程中，使用恒定的比例对剖面线串进行放大缩小。

● 倒圆函数：定义引导线串的起点和终点的比例因子，并且在指定的起始和终止比例因子之间允许线性或三次比例。

● 另一曲线：使用比例线串与引导线串之间的距离作为比例参考值，但是此处在任意给定点的比例是以引导线串和其他的曲线或实边之间的直纹线长度为基础的。

● 一个点：使用选择点与引导线串之间的距离作为比例参考值，选择此种形式的比例控制的同时，还可以（在构造三面扫掠时）使用同一个点作方向的控制。

● 面积规律：用户使用规律函数定义剖面线串的面积来控制剖面线比例缩放，剖面线串必须是封闭的。

● 周长规律：用户使用规律函数定义剖面线串的周长来控制剖面线比例缩放。

（6）定义比例因子。

（7）在"扫掠"对话框中单击确定按钮，完成扫描曲面的创建。

2. 选取两组引导线的方式进行扫掠

（1）选择下拉菜单【插入】→【扫掠】→【扫掠】命令（或在"曲面"工具栏中单击"扫掠"按钮 ）。

（2）定义截面线串。

（3）定义两条引导线串。

（4）定义对齐方法。

（5）定义缩放方法。

"扫掠"对话框中的缩放方法选项说明如下：

如果选择两条引导线进行扫描，则剖面线在沿着引导线扫描的方式已经确定，但是剖面线尺寸在扫掠过程中是变化的，用户可以在对话框中选择横向比例和均匀比例两种缩放方式。

● 横向比例：只有剖面线串的两端沿着引导线串缩放。

● 均匀比例：剖面线串沿着引导线串的各个方向进行缩放。

（6）在"扫掠"对话框中单击确定按钮，完成扫描曲面的创建。

3. 选取三组引导线的方式进行扫掠

（1）选择下拉菜单【插入】→【扫掠】→【扫掠】命令（或在"曲面"工具栏中单击"扫掠"按钮 ）。

（2）定义截面线串。

（3）定义三条引导线串。

（4）定义对齐方法。

（5）在"扫掠"对话框中单击确定按钮，完成扫描曲面的创建。

说明：在扫掠过程中使用脊线的作用是为了更好地控制剖面线串的方向。

28.4 课后练习

创建曲面造型，尺寸如图 28-28 和图 28-29 所示。

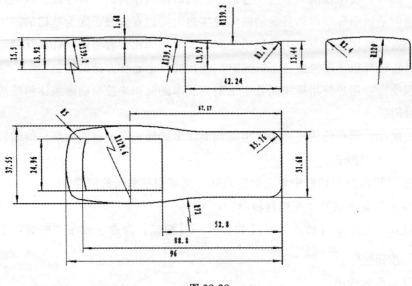

图 28-28

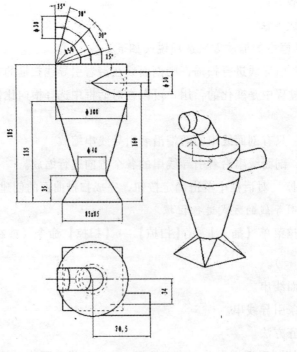

图 28-29

第5章

装　　配

项目 29　深沟球滚动轴承

【项目要求】

创建深沟球滚动轴承模型。图形尺寸如图 29-1 所示，最终效果如图 29-2 所示。

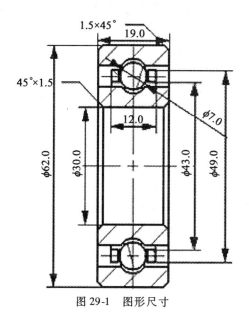

图 29-1　图形尺寸

图 29-2　最终效果

【学习目标】

● 掌握草图常用绘制工具。

● 掌握实体建模中回转和装配等工具的用法。

● 了解和使用装配操作在装配中的使用方法。

【知识重点】

装配操作的用法。

【知识难点】

装配体的建立。

29.1　设计思路

设计思路如图 29-3 所示。

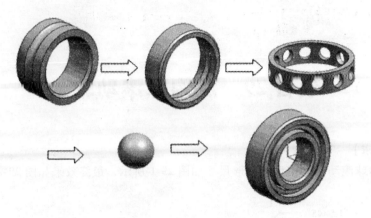

图 29-3　设计思路

29.2　操作步骤

29.2.1　轴承的内圈设计

（1）启动 UG 程序，新建一个名称为 neiquan. prt 的部件文件，其单位为 mm。

（2）选择"模型"中模板样式为"模型"，单击【确定】进入建模模块。

（3）绘制草图。单击【插入】→【草图】，或单击图标![图标]，在系统弹出的"草图平面选择"工具条中，选择以 XZ 平面为基准平面。绘制如图 29-4 所示的草图，单击【完成草图】按钮![完成草图]返回建模模式。

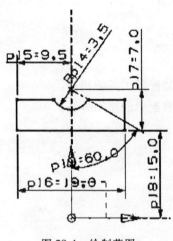

图 29-4　绘制草图

（4）建立回转体。选择【插入】→【设计特征】→【回转】或单击图标![图标]，弹出如图 29-5 所示的"回转"对话框。设置回转参数：起始值 0，结束值 360，以 X 轴为回转轴，单击【确定】按钮，创建回转体，如图 29-6 所示。

图 29-5　回转对话框

图 29-6　创建内圈

（5）边倒角。选择【插入】→【细节特征】→【倒角】或单击图标，弹出"倒角"对话框，设置倒角参数：对称偏置为 1.5。轴承内圈如图 29-7 所示。

图 29-7　内圈模型

29.2.2　轴承的外圈设计

（1）启动 UG 程序，新建一个名称为 waiquan. prt 的部件文件，其单位为 mm。

（2）选择"模型"中模板样式为"模型"，单击【确定】进入建模模块。

（3）绘制草图。单击【插入】→【草图】，或单击图标 ⬚，在系统弹出的 "草图平面选择" 工具条中，选择以 XZ 平面为基准平面。绘制如图 29-8 所示的草图，单击【完成草图】按钮 ⬚ 完成草图，返回建模模式。

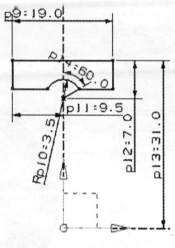

图 29-8　绘制草图

（4）建立回转体。选择【插入】→【设计特征】→【回转】或单击图标 ⬚，弹出如图 29-9 所示的 "回转" 对话框。设置回转参数：起始值 0，结束值 360，以 X 轴为回转轴，单击【确定】按钮，创建回转体，如图 29-10 所示。

图 29-9　回转对话框

图 29-10　创建外圈

（5）边倒角。选择【插入】→【细节特征】→【倒角】或单击图标 ，弹出"倒角"对话框，设置倒角参数：对称偏置为 1.5。轴承内圈如图 29-11 所示。

图 29-11 外圈模型

29.2.3 轴承的支架设计

（1）启动 UG 程序，新建一个名称为 zhijia.prt 的部件文件，其单位为 mm。

（2）选择"模型"中模板样式为"模型"，单击【确定】进入建模模块。

（3）选择【插入】→【设计特征】→【圆柱】命令，或单击"成形特征"工具栏上的 图标，创建一个直径为 49mm，高度为 12mm 的圆柱体，如图 29-12 所示。

图 29-12 创建圆柱体

（4）选择【插入】→【设计特征】→【孔】命令，或单击"成形特征"工具栏上的 图标，弹出"孔"对话框，在对话框的"类型"栏中选择"简单孔"图标 ，弹出"孔"对话框。设置其参数，直径为 43mm，深度为 12mm，顶锥角为 0，并定位孔的中心与圆柱的中心重合，创建孔如图 29-13 所示。

（5）单击"草图"按钮 ，在系统弹出的"草图平面选择"工具条中选择 XZ 平面为基准平面。绘制草图，如图 29-14 所示，单击【完成草图】按钮 ，返回建模模式。

图 29-13 创建孔

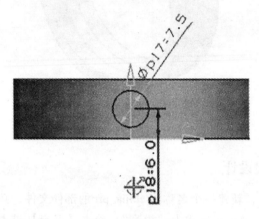

图 29-14 创建孔

（6）选择【插入】→【设计特征】→【拉伸】命令，或单击"成形特征"工具栏上的"拉伸"按钮，弹出"拉伸"对话框。选择刚绘制的草图，设置拉伸参数，起始值为 0，结束值为 24.5，拔模角为 0，布尔运算为求差，单击【确定】按钮创建求差拉伸，如图 29-15 所示。

图 29-15 创建拉伸体

（7）选择【插入】→【关联复制】→【实例】命令，或单击"特征操作"工具栏上的图标，系统会弹出如图 29-16 所示的"实例"对话框。单击"实例"对话框中的【环形阵列】按钮，"实例"对话框中会出现"过滤器"列表框，如图 29-17 所示，提示用户选择需要引用的特征，直接在实体中选择该拉伸孔或在"过滤器"列表框中选择 Extrude 即可。

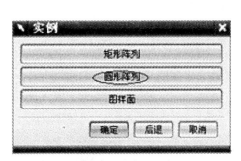

图 29-16　实例对话框

图 29-17　选择引用特征

（8）单击对话框中的"确定"按钮，在随后弹出的"实例"对话框中设置环形阵列的参数，设置方法为"常规"，数字为 12，角度为 30，如图 29-18 所示。单击【确定】按钮，弹出如图 29-19 所示的"实例"对话框，提示用户选择回转轴。单击"基准轴"按钮，选择 Z 轴作为旋转轴。

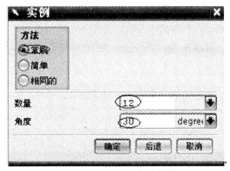

图 29-18　圆形阵列参数

图 29-19　选择回转轴

（9）弹出"创建实例"对话框，单击【是】按钮，即可创建环形阵列特征，轴承支架如图 29-20 所示（见下页）。

29.2.4　轴承的滚球设计

（1）启动 UG 程序，新建一个名称为 gunqiu. prt 的部件文件，其单位为 mm。

（2）选择"模型"中模板样式为"模型"，单击"确定"进入到建模模块。

（3）选择【插入】→【设计特征】→【球】命令，或单击"成形特征"工具栏上的"球"按钮 。弹出如图 29-21 所示的"球"对话框。单击"直径、圆心"按钮，弹出如图 29-22 所示的对话框，设置球体参数：直径为 7。单击"确定"按钮，弹出"点构造

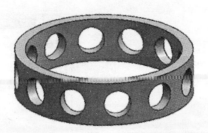

图 29-20　支架模型

器”对话框，设置球的原点为（0，0，23），创建的球体如图 29-23 所示。

图 29-21　球对话框

图 29-22　球的参数

图 29-23　滚球模型

29.2.5　轴承的装配设计

（1）启动 UG 程序，新建一个名称为 zhoucheng. prt 的部件文件，其单位为 mm。

（2）选择“模型”中模板样式为“装配”，单击【确定】进入装配模块。

（3）选择【装配】→【组件】→【添加现有组件】命令，将零件部件 neiquan. prt 添加到当前状态下坐标（0，0，0）并作为固定零部件。

（4）将零部件 zhijia. prt 添加到当前模块中，选择【装配】→【组件】→【贴合组件】命令，使零件 zhijia 的表面 1（如图 29-24 所示）与零件 neiquan 的表面 2（如图 29-25 所示）对齐配对；选取零件 zhijia 的表面 3（如图 29-26 所示）与零件 neiquan 的表面 4（如图 29-27 所示）距离配对，距离值为 −3.5。装配结果如图 29-28 所示。

图 29-24　选取表面

图 29-25　选取表面

图 29-26　选取表面

面4

图 29-27　选取表面

图 29-28　完成装配

（5）将零部件 gunqiu. prt 添加到当前模块中，选择【装配】→【组件】→【贴合组件】命令，使零件 gunqiu 的表面 5（如图 29-29 所示）与零件 zhijia 的表面 6（如图 29-30 所示）对齐配对。装配结果如图 29-31 所示。

面6

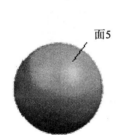

面5

图 29-29　选取表面

图 29-30　选取表面

图 29-31　完成装配

（6）选择【装配】→【组件】→【创建阵列】命令，弹出"类选择"对话框，如图 29-32 所示。选择滚球，单击【确定】按钮，弹出如图 29-33 所示"创建陈列"对话框，选择阵列定义为"圆的"，单击"确定"按钮，系统弹出"圆形阵列轴"对话框，选择轴定义方式为"圆柱面"，选择如图 29-34 所示的面为圆形阵列的轴线。

（7）设置创建圆形阵列的参数：总数为 12，角度为 30，如图 29-35 所示。单击"确定"按钮，创建如图 29-36 所示的旋转阵列。

（8）将零部件 waiquan. prt 添加到当前模块中，选择【装配】→【组件】→【贴合组件】命令，使零件 waiquan 的表面 7（如图 29-37 所示）与零件 neiquan 的表面 8（如图 29-38 所示）对齐配对；选取零件 waiquan 的表面 9（如图 29-39 所示）与零件 neiquan 的表面 10（如图 29-40 所示）对齐配对。装配结果如图 29-41 所示。

图 29-32　类选择对话框

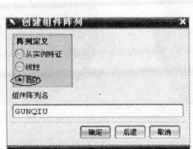

图 29-33　选择阵列方式

图 29-34　圆形阵列的轴线

图 29-35　圆形阵列的参数

图 29-36　完成圆形阵列

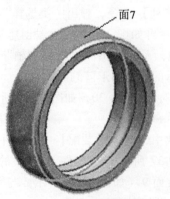

图 29-37　选择表面

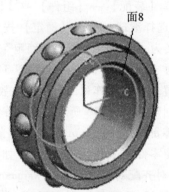

图 29-38　选择表面

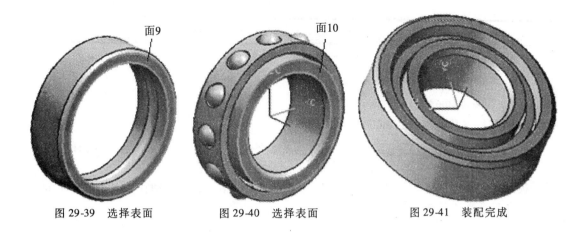

图 29-39 选择表面   图 29-40 选择表面   图 29-41 装配完成

29.3 知识链接

29.3.1 自底向上的装配方法

自底向上装配的设计方法是常用装配方法，即先设计装配中的部件，再将部件添加到装配中，由底向上逐级进行装配。

1. 自底向上装配

自底向上装配是先设计完装配中的部件模型，再将部件的几何模型添加到装配中，从而使该部件成为一个组件。具体过程如下：

（1）打开的 UG 软件中，新建一个装配部件或者打开一个已经存在的装配部件。

（2）选择要进行装配的部件几何模型。

在主菜单上选择【装配｜组件｜添加现有的组件】命令，或者在装配工具栏中单击 图标，系统弹出【选择部件】对话框。

已经打开的部件名称会出现在【选择已经加载的部件】列表框中，用户选择需要的部件装配即可。对于列表中没有列出和部件，表示该部件还没有打开，用户可单击【选择部件文件】按钮，从电脑目录上调出完成的三维几何实体，添加后其自动生成为该装配中的组件。

（3）设置部件加入到装配中的相关信息。

选择部件后，单击【确定】按钮，系统将打开【添加现有的部件】对话框，用户设置选项后，将组件添加到装配件中。

2. 配对过滤器

配对的组件约束时，过滤器限制所选几何对象的类型，通过它可以快速选择组件上的几何对象建立配对约束。

过滤器的类型有以下几种。

（1）任何（Any）：选择任何类型的几何对象。

（2）面（Face）：选择表面，这是一个广义的含义，可以是平面、柱面、锥面以及样条曲面等。

（3）边缘（Edge）：选择实体边缘。

（4）基准平面（Datum Plane）：选择基准平面。

（5）基准轴（Datum Axis）：选择基准轴。

（6）点（Point）：选择点。

（7）直线（Line）：选择线。

（8）曲线（Curve）：选择曲线。

（9）坐标系 CSYS：选择坐标系，主要用来约束线框模型。对齐（Align）时有效。

（10）组件（Component）：选择组件。对齐（Align）时有效。

提示：如果用户选择的几何对象与过滤器中的类型不一致，必须首先更改滤器中的类型，否则无法选中对象。

3. 配对约束类型（Mating Type）

（1）配对（Mate）约束

该配对约束类型定位两个同类对象相一致，对于平面对象，它们共面且法线方向相反。对于圆锥面，系统首先检查其角度是否相等，如果相等，则对齐其轴线；对于圆柱面，要求相配组件直径相等才能对齐轴线；对于边缘和线，"配对"类似于"对齐"。

注意：配对的组件是指需要添加约束进行定位的组件，基础组件是指已经添加完的组件。

（2）对齐（Align）约束

该配对约束类型对齐相配对象。当对齐平面时，使两个面共面且法线方向相同，当对齐圆锥、圆柱和圆环面等对称实体时，使其轴线相一致；当对齐边缘和线时，使两者共线。

注意：对齐与配对不同，当对齐圆锥、圆柱和圆环面时，不要求相配对象直径方向。

（3）角度（Align）约束

该配对约束类型是在两个对象间定义角度，用于约束相配组件到正确的方位上。角度约束可以在两个具有方向矢量的对象间产生，角度是两个方向矢量的夹角，逆时针方向为正。

角度约束有两种类型：平面角度（Planar）和三维角度（3D），平面角度约束需要一根转轴（Rotation Axis），两个对象的方向矢量与其垂直。

（4）平行（Parallel）约束

该配对约束类型约束两个方向的方向矢量彼此平行。

（5）垂直（Perpendicular）约束

该配对约束类型约束两个方向的方向矢量彼此平行。

（6）中心（Center）约束

该配对约束类型约束两个对象的中心，使其中心对齐，当选择中心约束时，和其相关的菜单被激活，使其选项如下：

① 1 to 1：将相配组件中的一个对象定位到基础组件中一个对象的中心上，其中一个

对象必须是圆柱或轴对称实体。

②1 to 2：将相配组件中的一个对象定位到基础组件中两个对象的对称中心上，当选择该选项时，选择步骤中的 Second to 被激活，允许在基础组件上选择第 2 个对象。

③2 to 1：将相配组件中的两个对象定位到基础组件中一个对象上并与其对称，当选择该选项时，选择步骤中的 Second to 被激活，允许在相配组件上选择第 2 个配对对象。

④2 to 2：将相配组件中的两个对象与基础组件中两个对象成对称布置，这个操作类似于在每一对平面的中心建立一个基准面，约束两对基准面对齐。当选择该选项时，4 个选择步骤图标全部被激活，需分别选择对象。

（7）距离（Distance Constraint）约束

该配对约束类型用于指定两个相配对象间的最小距离。距离可以是正值，也可以是负值，正负号确定相配组件在基础组件的哪一侧。

（8）相切（Tangent Constraint）约束

该配对类型定义两个对象相切。

注意：查询配对信息，可以选择【信息｜装配｜配对条件】命令进行查询、修改。

29.3.2　约束选择步骤

选择步骤是从相配组件上选择几何对象与基础组件上的几何对象相配的步骤。

（1）选择相配组件上的第 1 个几何对象（当图标激活时）。

（2）选择基础组件上的第 1 个几何对象（当图标激活时）。

（3）选择相配组件上的第 2 个几何对象（当图标激活时）。

（4）选择基础组件上的第 2 个几何对象（当图标激活时）。

当在一个选择步骤中选择几何对象后，下一个选择步骤的图标会自动激活。当然也可以直接单击选择步骤图标进行相应的选择。

注意：【第 2 个来自于】和【第 2 个到】两个步骤，只有在某些特定条件下才被激活。

项目 30　减速器的装配

【项目要求】

创建减速器的装配模型。最终效果如图 30-1 和图 30-2 所示。

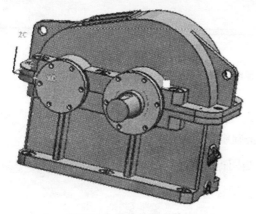

图 30-1　最终效果（一）

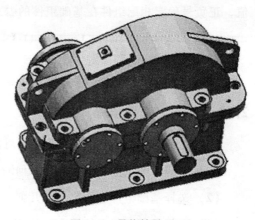

图 30-2　最终效果（二）

【学习目标】

- 掌握常用的装配工具。
- 掌握装配工具的用法。

【知识重点】

装配工具的应用。

【知识难点】

装配的建立。

30.1　设计思路

设计思路如图 30-3 所示。

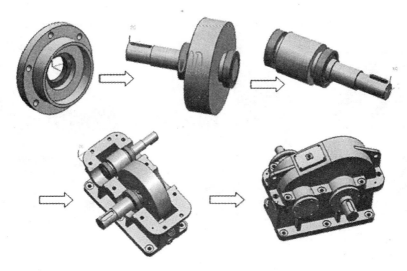

图 30-3 设计思路

30.2 操作步骤

30.2.1 端盖的装配设计

（1）启动 UG 程序，新建一个名称为 duangai. prt 的部件文件，其单位为 mm。

（2）选择"模型"中模板样式为"装配"，单击【确定】进入装配模块。

（3）选择【装配】→【组件】→【添加现有组件】命令，将零件部件 30 – 21. prt 添加到当前状态下坐标（0，0，0）并作为固定零部件。

（4）将零部件 30 – 21. prt 添加到当前模块中，选择【装配】→【组件】→【贴合组件】命令，使零件 30 – 21. prt 的表面 1 与零件 30 – 10. prt 的表面 2 对齐配对，如图 30-4 所示。选取零件 30 – 21. prt 的表面 3 与零件 30 – 10. prt 的表面 4 装配配对，如图 30-5 所示。

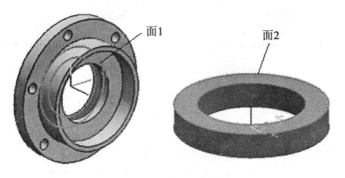

图 30-4 配对约束

（5）配对结果如图 30-6 所示。到这里，完成对端盖装配。

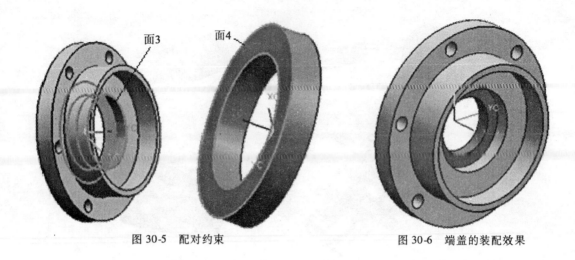

图 30-5　配对约束　　　　　　　　　　　　　　图 30-6　端盖的装配效果

30.2.2　低速轴的装配设计

（1）启动 UG 程序，新建一个名称为 disuzhou. prt 的部件文件，其单位为 mm。

（2）选择"模型"中模板样式为"装配"，单击【确定】进入装配模块。

（3）选择【装配】→【组件】→【添加现有组件】命令，将零部件 30 – 4. prt 添加到当前状态下坐标（0，0，0）并作为固定零部件。

（4）将零部件 30 – 24. prt 添加到当前模块中，选择【装配】→【组件】→【贴合组件】命令，选取零件 30 – 24. prt 的表面 1 和零件 30 – 4. prt 的表面 2（如图 30-7 所示）装配配对；选取零件 30 – 24. prt 的表面 3 和零件 30 – 4. prt 的表面 4（如图 30-8 所示）对其配对，装配结果，如图 30-9 所示。

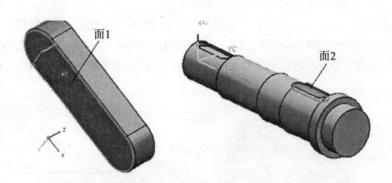

图 30-7　配对约束

（5）将零部件 30 – 26. prt 添加到当前模块中，选择【装配】→【组件】→【贴合组件】命令，选取零件 30 – 26. prt 的表面 5 和零件 30 – 4. prt 的表面 6（如图 30-10 所示）对其配对；选取零件 30 – 26. prt 的表面 7 和零件 30 – 4. prt 的表面 8（如图 30-11 所示）平行配对；选取零件 30 – 26. prt 的表面 9 和零件 30 – 4. prt 的表面 10（如图 30-12 所示）

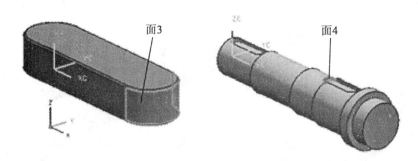

图 30-8　配对约束

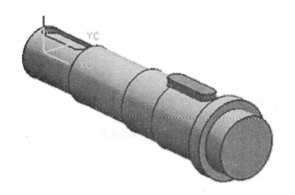

图 30-9　完成装配

装配配对。装配结果，如图 30-13 所示。

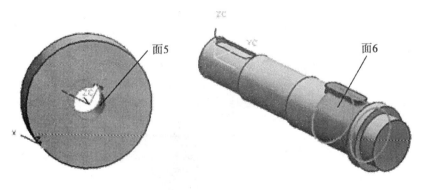

图 30-10　配对约束

（6）将零部件 30 – 9. prt 添加到当前模块中，选择【装配】→【组件】→【贴合组件】命令，选取零件 30 – 9. prt 的表面 11 和零件 30 – 24. prt 的表面 12（如图 30-14 所示）相切配对；选取零件 30 – 9. prt 的表面 13 和零件 30 – 4. prt 的表面 14（如图 30-15 所示）对齐配对。装配结果，如图 30-16 所示。

（7）将零部件 30 – 34. prt 添加到当前模块中，选择【装配】→【组件】→【贴合组

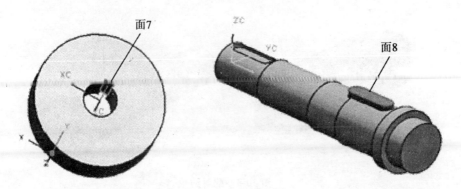

图 30-11 平行约束

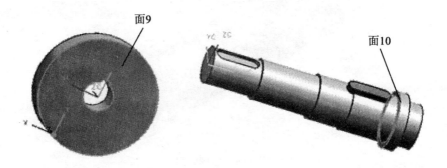

图 30-12 配对约束

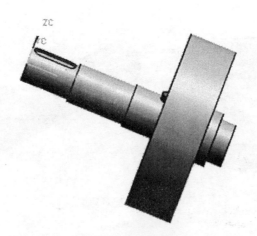

图 30-13 完成装配

件】命令，选取零件 30 – 34. prt 的表面 15 和零件 30 – 9. prt 的表面 16（如图 30-17 所示）装配配对；选取零件 30 – 34. prt 的表面 17 和零件 30 – 4. prt 的表面 18（如图 30-18 所示）对齐配对。装配结果，如图 30-19 所示。

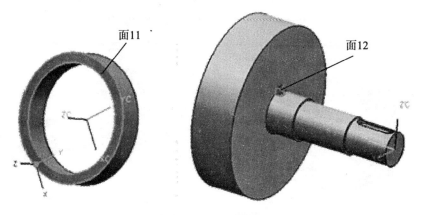

图 30-14   相切约束

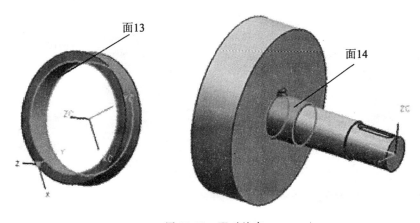

图 30-15   配对约束

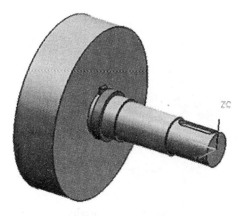

图 30-16   完成装配

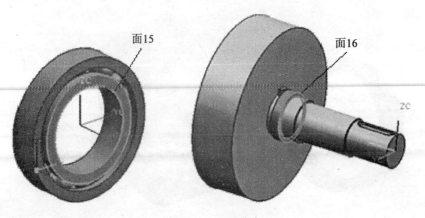

图 30-17　配对约束

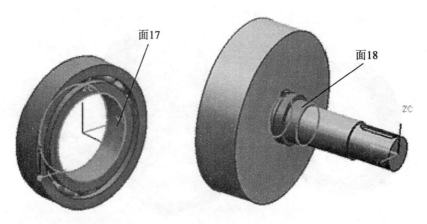

图 30-18　对齐约束

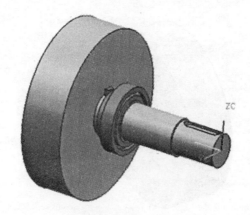

图 30-19　完成装配

（8）将零部件 30 - 34. prt 添加到当前模块中，选择【装配】→【组件】→【贴合组件】命令，选取零件 30 - 34. prt 的表面 19 和零件 30 - 4. prt 的表面 20（如图 30-20 所示）对齐配对；选择零件 30 - 34. prt 的表面 21 和零件 16 - 4. prt 的表面 22（如图 30-21 所示）装配配对。装配结果，如图 30-22 所示。

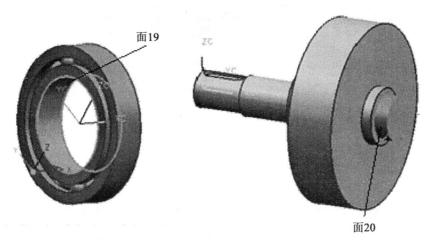

图 30-20 对齐约束

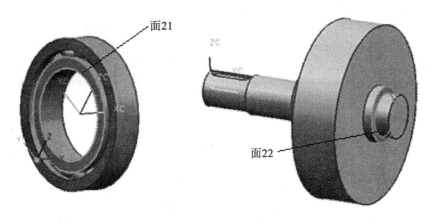

图 30-21 配对约束

到这里，已完成对低速轴的装配。

30.2.3 高速轴的装配设计

（1）启动 UG 程序，新建一个名称为 gaoangai. prt 的部件文件，其单位为 mm。

（2）选择"模型"中模板样式为"装配"，单击【确定】进入装配模块。

（3）选择【装配】→【组件】→【添加现有零件】命令，将零件部件 30 - 5. prt 添加到当前状态下坐标（0，0，0）并作为固定零部件。

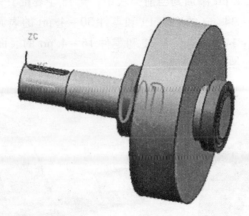

图 30-22 完成装配

（4）将零部件 30 – 25. prt 添加到当前模块中，选择【装配】→【组件】→【贴合组件】命令，选取零件 30 – 5. prt 的表面 1 和零件 16 – 25. prt 的表面 2（如图 30-23 所示）装配配对；选取零件 30 – 5. prt 的表面 3 和零件 30 – 25. prt 的表面 4（如图 30-24 所示）对齐配对，装配结果，如图 30-25 所示。

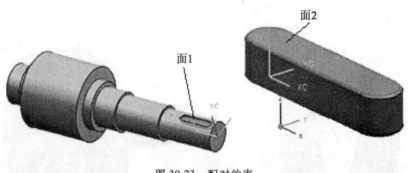

图 30-23 配对约束

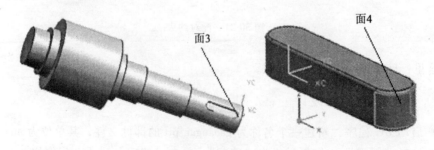

图 30-24 对齐约束

（5）将零部件 30 – 6. prt 添加到当前模块中，选择【装配】→【组件】→【贴合组

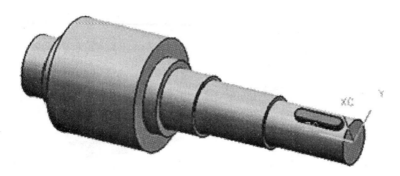

图 30-25 完成装配

件】命令，选取零件 30 – 6. prt 的表面 5 和零件 30 – 5. prt 的表面 6（如图 30-26 所示）装配配对；选取零件 30 – 6. prt 的表面 7 和零件 30 – 5. prt 的表面 8（如图 30-27 所示）对齐配对，装配结果，如图 30-28 所示。

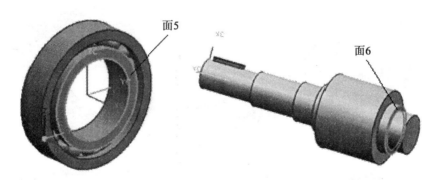

图 30-26 配对约束

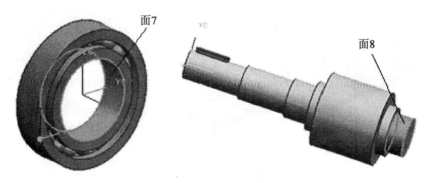

图 30-27 对齐约束

（6）将零部件 30 – 6. prt 添加到当前模块中，选择【装配】→【组件】→【贴合组件】命令，选取零件 30 – 6. prt 的表面 9 和零件 16 – 7. prt 的表面 10（如图 30-29 所示）

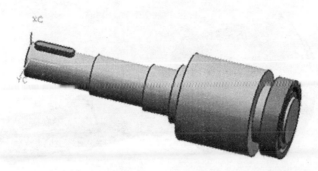

图 30-28　完成装配

装配配对；选取零件 30 – 6. prt 的表面 11 和零件 30 – 7. prt 的表面 12（如图 30-30 所示）对齐配对。装配结果，如图 30-31 所示。

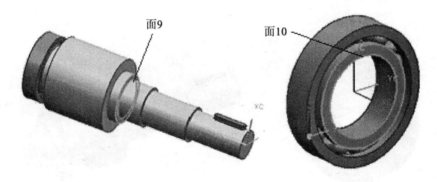

图 30-29　配对约束

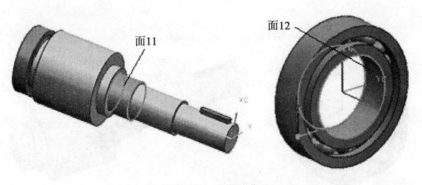

图 30-30　对齐约束

到这里，已完成对高速轴的装配。

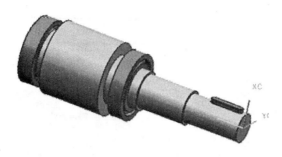

图 30-31　完成装配

30.2.4　高低速轴和箱座装配设计

（1）启动 UG 程序，新建一个名称为 xiangti1.prt 的部件文件，其单位为 mm。

（2）选择"模型"中模板样式为"装配"，单击"确定"进入装配模块。

（3）选择【装配】→【组件】→【添加现有零件】命令，将零件部件 30 – 2.prt 添加到当前状态下坐标（0，0，0）并作为固定零部件。

（4）将零部件 30 – 36.prt 添加到当前模块中，选择【装配】→【组件】→【贴合组件】命令，选取零件 30 – 36.prt 的表面 1 和零件 30 – 2.prt 的表面 2（如图 30-32 所示）对齐配对；选取零件 30 – 36.prt 的表面 3 和零件 16 – 2.prt 的表面 4（如图 30-33 所示）对齐配对。装配结果，如图 30-34 所示。

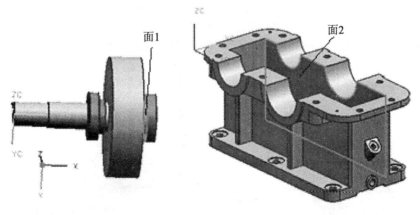

图 30-32　对齐约束

（5）将零部件 30 – 37.prt 添加到当前模块中，选择【装配】→【组件】→【贴合组件】命令，选取零件 30 – 37.prt 的表面 5 和零件 30 – 2.prt 的表面 6（如图 30-35 所示）对齐配对；选取零件 30 – 37.prt 的表面 7 和零件 30 – 2.prt 的表面 8（如图 30-36 所示）对齐配对。装配结果，如图 30-37 所示。

到这里，已完成对高低速轴和箱座的装配。

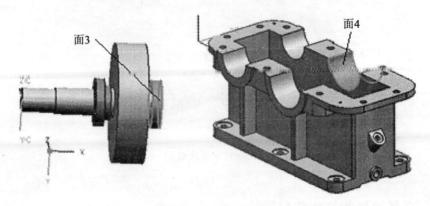

图 30-33　对齐约束

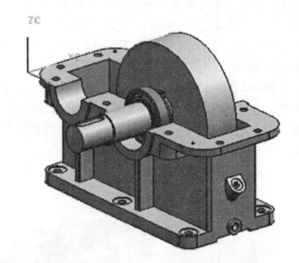

图 30-34　完成装配

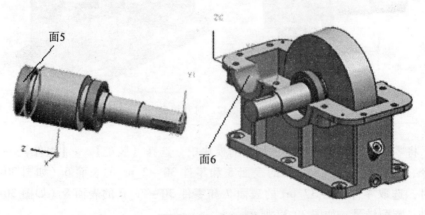

图 30-35　对齐约束

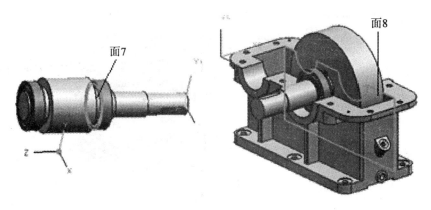

图 30-36 对齐约束

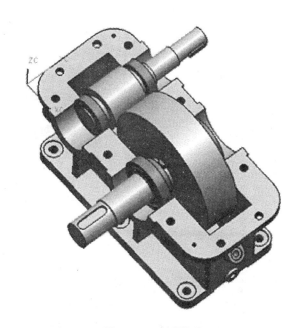

图 30-37 完成装配

30.2.5 轴套、垫片和端盖的装配设计

（1）启动 UG 程序，新建一个名称为 xiangti2. prt 的部件文件，其单位为 mm。

（2）选择"模型"中模板样式为"装配"，单击【确定】进入到装配模块。

（3）选择【装配】→【组件】→【添加现有零件】命令，将零部件 30 – 38. prt 添加到当前状态下坐标（0，0，0）并作为固定零部件。

（4）将零部件 30 – 11. prt 添加到当前模块中，选择【装配】→【组件】→【贴合组件】命令，选取零件 30 – 11. prt 的表面 1 和零件 30 – 38. prt 的表面 2（如图 30-38 所示）配对配对；选取零件 30 – 11. prt 的表面 3 和零件 30 – 38. prt 的表面 4（如图 30-39 所示）对齐配对。装配结果，如图 30-40 所示。

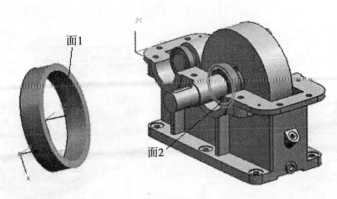

图 30-38 配对约束

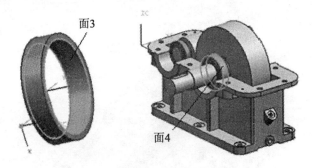

图 30-39 对齐约束

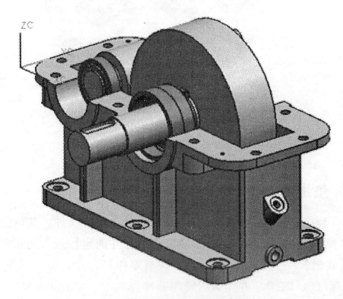

图 30-40 完成装配

（5）将零部件 30 – 18. prt 添加到当前模块中，选择【装配】→【组件】→【贴合组件】命令，选取零件 30 – 18. prt 的表面 5 和零件 30 – 38. prt 的表面 6（如图 30-41 所示）

对齐配对；选取零件 30 – 18. prt 的表面 7 和零件 30 – 38. prt 的表面 8（如图 30-42 所示）装配配对。装配结果，如图 30-43 所示。

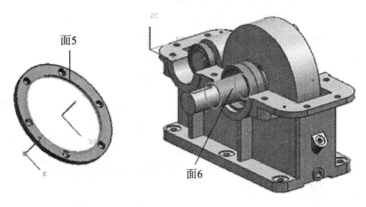

图 30-41 对齐约束

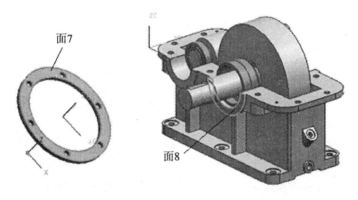

图 30-42 配对约束

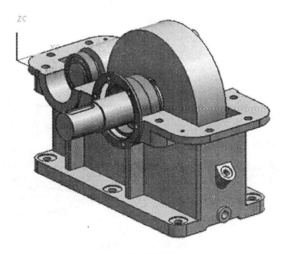

图 30-43 完成装配

（6）将零部件 30 - 35. prt 添加到当前模块中，选择【装配】→【组件】→【贴合组件】命令，选取零件 30 - 35. prt 的表面 9 和零件 30 - 38. prt 的表面 10（如图 30-44 所示）对齐配对；选取零件 30 - 35. prt 的表面 11 和零件 30 - 38. prt 的表面 12（如图 30-45 所示）装配配对；选取零件 30 - 35. prt 的表面 13 和零件 16 - 38. prt 的表面 14（如图 30-46 所示）对齐配对。装配结果，如图 30-47 所示。

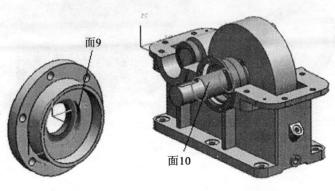

图 30-44　对齐约束

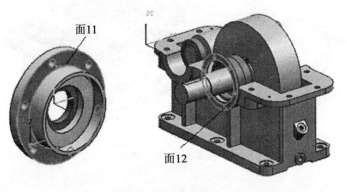

图 30-45　配对约束

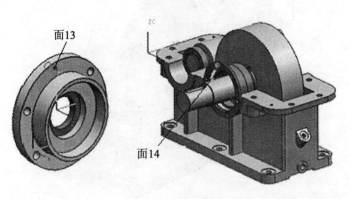

图 30-46　对齐约束

（7）重复步骤（5）～（7），将零部件 30 - 7. prt 、30 - 17. prt、30 - 19. prt 装配到机

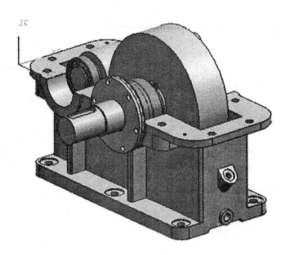

图 30-47　完成装配

座上，装配结果，如图 30-48 所示；将零部件 30 – 7. prt 、30 – 17. prt、30 – 19. prt 装配到机座上，装配结果，如图 30-49 所示；将零部件 30 – 11. prt 、30 – 18. prt、30 – 20. prt 装配到机座上，装配结果，如图 30-50 所示。

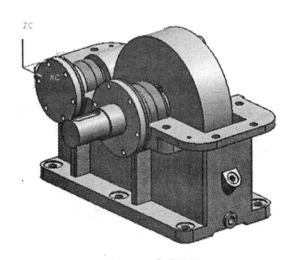

图 30-48　完成装配

到这里，已完成对轴套、垫片和端盖的装配。

30.2.6　箱盖和底座的装配设计

（1）启动 UG 程序，新建一个名称为 xiangti3. prt 的部件文件，其单位为 mm。

（2）选择"模型"中模板样式为"装配"，单击【确定】进入到装配模块。

（3）选择【装配】→【组件】→【添加现有零件】命令，将零部件 30 – 39. prt 添加到当前状态下坐标（0，0，0）并作为固定零部件。

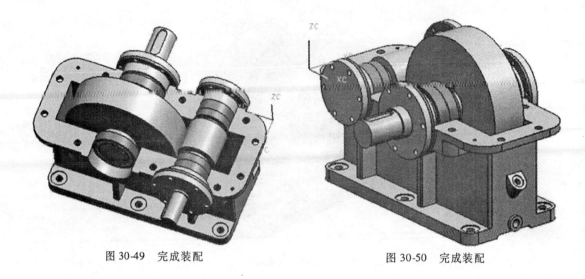

图 30-49　完成装配　　　　　　　　　　图 30-50　完成装配

（4）将零部件 30 – 1. prt 添加到当前模块中，选择【装配】→【组件】→【贴合组件】命令，选取零件 30 – 1. prt 的表面 1 和零件 30 – 39. prt 的表面 2（如图 30-51 所示）装配配对；选取零件 30 – 1. prt 的表面 3 和零件 30 – 39. prt 的表面 4（如图 30-52 所示）对齐配对；选取零件 30 – 1. prt 的表面 5 和零件 30 – 39. prt 的表面 6（如图 30-53 所示）对齐配对。装配结果，如图 30-54 所示。

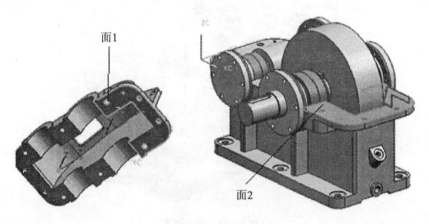

图 30-51　配对约束

到这里，已完成箱盖、箱座的装配。

30.2.7　其余零部件的装配设计

（1）启动 UG 程序，新建一个名称为 xiangti4. prt 的部件文件，其单位为 mm。

（2）选择"模型"中模板样式为"装配"，单击【确定】进入到装配模块。

（3）选择【装配】→【组件】→【添加现有零件】命令，将零件部件 30 – 32. prt 添加到当前状态下坐标（0，0，0）并作为固定零部件。

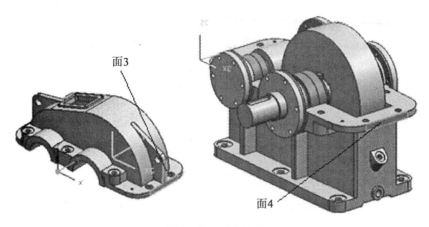

图 30-52　对齐约束

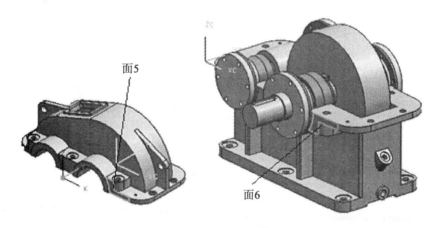

图 30-53　对齐约束

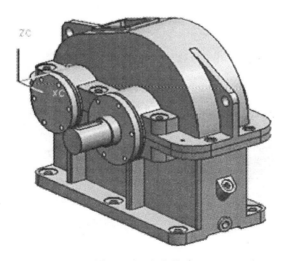

图 30-54　完成装配

（4）将零部件 30 – 16. prt 添加到当前模块中，选择【装配】→【组件】→【贴合组件】命令，选取零件 30 – 32. prt 的表面 1 与零件 30 – 16. prt 的表面 2 装配配对（如图 30-55 所示）；选取零件 30 – 32. prt 的表面 3 与零件 30 – 16. prt 的表面 4 对齐配对（如图 30-56 所示）。

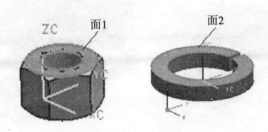

图 30-55　配对约束

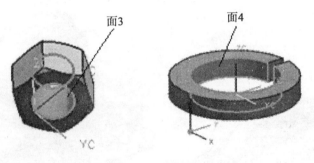

图 30-56　对齐约束

（5）将零部件 30 – 40. prt 添加到当前模块中，选择【装配】→【组件】→【贴合组件】命令，选取零件 30 – 16. prt 的表面 5 和零件 30 – 40. prt 的表面 6（如图 30-57 所示）对齐配对；选取零件 30 – 16. prt 的表面 7 和零件 30 – 40. prt 的表面 8（如图 30-58 所示）装配配对。装配结果，如图 30-59 所示。

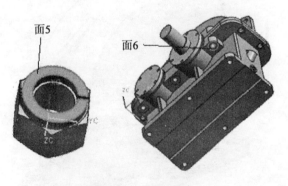

图 30-57　配对约束

（6）将零部件 30 – 30. prt 添加到当前模块中，选择【装配】→【组件】→【贴合组

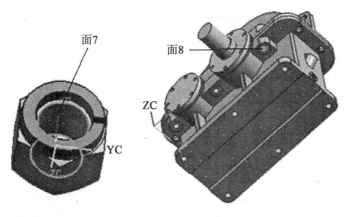

图 30-58　对齐约束

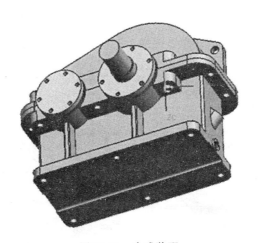

图 30-59　完成装配

件】命令，选取零件 30 – 30. prt 的表面 9 与零件 30 – 14. prt 的表面 10 装配配对（如图 30-60 所示）；选取零件 30 – 30. prt 的表面 11 与零件 30 – 14. prt 的表面 12 对齐配对（如图 30-61 所示）。

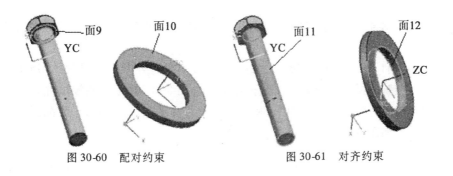

图 30-60　配对约束　　　　　　　　　图 30-61　对齐约束

（7）将零部件 30 – 14. prt 添加到当前模块中，选择【装配】→【组件】→【贴合组件】命令，选取零件 30 – 14. prt 的表面 13 和零件 30 – 40. prt 的表面 14（如图 30-62 所示）对齐配对；选取零件 30 – 14. prt 的表面 15 和零件 30 – 40. prt 的表面 16（如图 30-63 所示）装配配对。

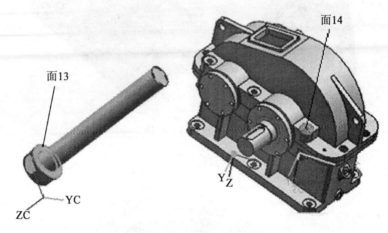

图 30-62　配对约束

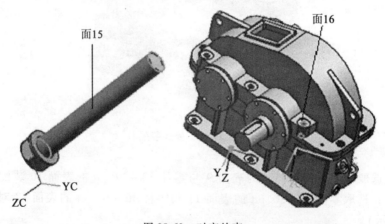

图 30-63　对齐约束

（8）重复步骤 4 ~ 8，将另外 5 对螺栓、螺母装配到减速器上，装配结果，如图 30-64 所示。

（9）将零部件 30 – 22. prt 装配到减速器箱盖上，装配结果，如图 30-65 所示；将零部件 30 – 23. prt 装配到减速器箱盖上，装配结果，如图 30-66 所示；将零部件 30 – 31. prt 装配到减速器箱盖上，装配结果，如图 30-67 所示；将零部件 30 – 27. prt 装配到减速器机座上，装配结果，如图 30-68 所示。

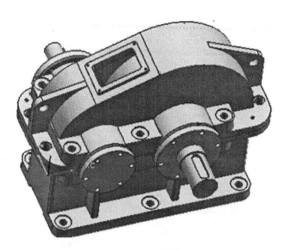

图 30-64　完成装配

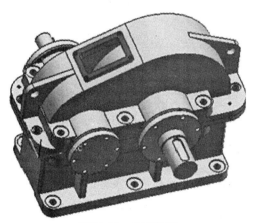

图 30-65　完成装配

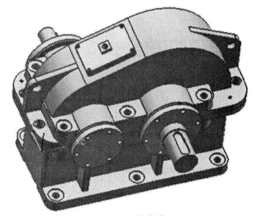

图 30-66　完成装配

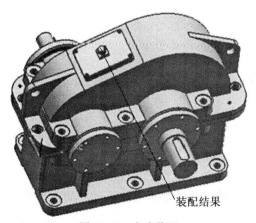

装配结果

图 30-67　完成装配

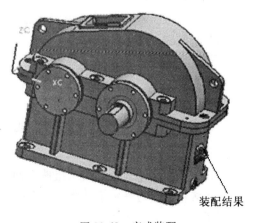

装配结果

图 30-68　完成装配

（10）将减速器其他零部件 30 – 3. prt、30 – 16. prt、30 – 15. prt 、30 – 28. prt、30 – 29. prt 、30 – 33. prt 装配到减速器上，结果如图 30-69 所示。到此，对减速器的装配全部完成。

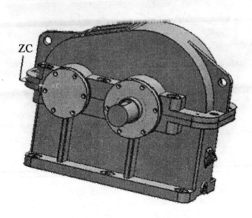

图 30-69　完成装配

30.3　知识链接

自顶向下装配

从顶向下装配方法是在关联设计中进行装配，即定义一个部件中的几何对象时引用其他部件的几何对象，这种方法提供了快速设计的思路。本章介绍从顶向下装配的两种方法。

自底向上方法添加组件时，可以在列表中选择在当前工作环境中现存的组件，但处于该环境中现存的三维实体不会在列表框中显示，不能被当做组件添加。若要使其也加入到当前的装配中，就需用从顶向下装配方法进行创建。

从顶向下装配方法有两种：第 1 种，先在装配件中建立一个几何模型，然后创建一个新组件，同时将该几何模型链接到新建组件中；第 2 种是先建立一个空的新组件，它不含任何几何对象，然后使其成为工作部件，再在其中建立几何模型。第 2 种方法可以用 WAVE 链接器。

1. 自顶向下装配的第 1 种方法

第 1 种方法，过程示意图如图 26-1 所示。该方法具体的操作步骤如下：

（1）打开一个文件

该文件为一个含几何体的文件，或者先在该文件中建立一个几何体。

（2）创建新组件

在主菜单上选择【装配｜组件｜创建新组件】命令，或者在装配工具栏中单击 图标，系统同时会打开一个"类选择"对话框，要求用户选择添加到该组件中的几何实体。选择了一定的几何实体后系统将显示一个新组件名称输入文本框，在该文本框中输入新建组件的名称。

在对话框中输入文件名称，单击【确定】按钮，弹出【创建新的组件】对话框，要求用户设置新组件的有关信息。

该对话框各选项说明如下。

- 组件名：该选项用于指定组件名称，默认为部件的存盘文件名，该名称可以修改。
- 引用集名：该选项用于指定引用集名称。
- 图层选项：该选项用于设置产生的组件加到装配部件中的那一层。含 3 个选项：【工作层】选项，表示新组件加到装配部件的工作层；【原先的】选项，表示新组件保持原来的层位置；【如指定的】选项，表示将新组件加到装配部件的指定层。
- 图层输入：该选项只有在选择【如指定】项后才激活，用于指定层号。
- 零件原点：指定组件原点采用的坐标系，是工作坐标还是绝对坐标。
- 复制定义对象：打开该选项，则从装配中复制定义所选几何实体的对象到新组件中。
- 删除原先的：打开该选项，则在装配部件中删除定义所选几何实体的对象。

在上述对话框中设置各选项后，单击【确定】按钮。至此，在装配中产生了一个含所选几何对象的新组件。这时类选择器对话框再次出现，提示继续选择对象生成新组件，关闭对话框完成装配。

2. 自顶向下装配设计的第 2 种方法

此种方法首先在装配件中建立几何模型，建立新组件即建立装配结构关系，此时组件中没有任何几何对象；然后，使一个组件成为工作部件，在该组件中建立几何对象，依次使其余组件成为工作部件并建立几何对象。

注意：可以和第 1 种方法混合使用，即引用显示部件中的几何对象。

这种方法是在上下文中进行设计，可以边设计边装配。以仅包含两个简单部件装配设计为例进行设计，步骤如下：

（1）建立一个新装配件。

（2）选择【装配｜组件｜创建新组件】命令，或者在装配工具栏中单击 图标。

（3）系统同时将会打开一个"类选择"对话框，因为不添加图形，可以直接单击【确定】按钮。

（4）系统弹出的"选择部件名"对话框要求输入新组件的路径和名字，输入文件名。

（5）系统弹出"创建新的组件"对话框，单击【确定】按钮，组件就被加到装配件上了。

（6）"类选择器"对话框又出现了，重复上述方法建立新组件。

（7）已经建立了两个组件，关闭"类选择器"对话框。

（8）选择装配导航器检查装配关系，如图 26-6 所示。

（9）下面要在新组件中建立几何模型，首先使第一个组件成为工作部件，建立模型。

（10）使第 2 个组件成为工作部件，建立模型。

（11）使新装配件成为工作部件，选择【装配｜组件｜贴合组件…】命令，或者单击 图标，给两个组件建立配对约束。

（12）自顶向下装配设计已被完全建立。

第6章

工 程 图

项目31 减速器端盖的平面工程图

【项目要求】

创建减速器端盖的平面工程图。端盖模型如图 31-1 所示，最终效果如图 31-2 所示。

图 31-1 端盖模型

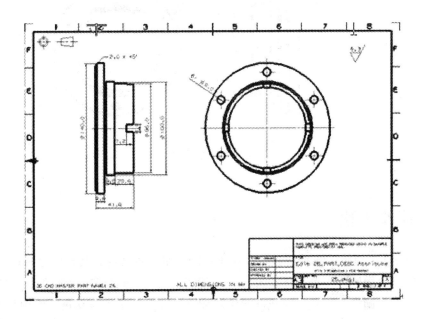

图 31-2 最终效果

【学习目标】

● 掌握常用的制图绘制工具。

● 掌握依据用户需要建立不同方位、不同比例的投影视图工具的用法。

● 掌握尺寸注释和文本注释。

【知识重点】

基本视图的创建和尺寸标注的方法。

【知识难点】

尺寸标注的方式。

31.1　设计思路

设计思路如图 31-3 所示。

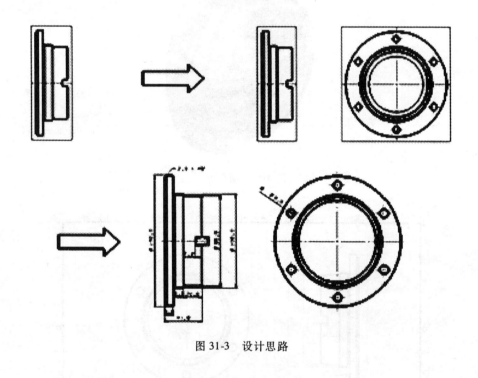

图 31-3　设计思路

31.2　操作步骤

（1）启动 UG 程序，新建一个名称为 zhitu1. prt 的部件文件，其单位为 mm。

（2）选择"图纸"中模板样式为"A3 - 视图"，再选择要创建图纸的部件 25. prt。

（3）单击"确定"按钮，完成新图纸的建立，此时系统将自动进入制图界面，并且将图纸范围以虚线显示，如图 31-4 所示。

（4）选择菜单命令【插入】→【视图】→【基本视图】或直接单击【图纸布局】工

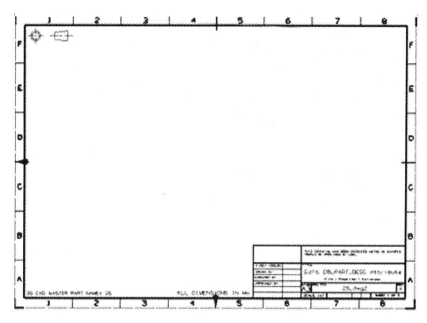

图 31-4　创建的新图纸

具栏中的 图标，此时实体模型将跟随鼠标，并弹出"基本视图"工具栏，选择主视图，单击图纸区域则添加实体模型主视图，如图 31-5 所示。

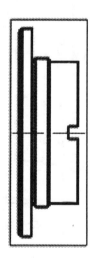

图 31-5　添加主视图

（5）双击添加的右视图边框，弹出如图 31-6 所示的"视图样式"对话框。在"一般"选项卡界面下可以设置角度，如有需要可输入比例值以调整制图比例，还可以设置隐藏线、可见线、光顺边和虚拟交线等。

（6）例如在添加的主视图中读者可以发现有些线其实是不存在的，这是 UG 自动显示

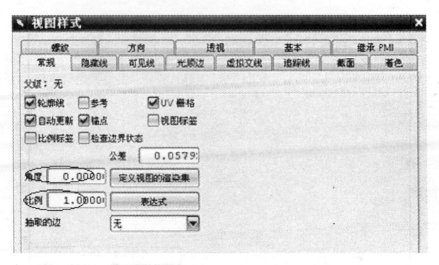

图 31-6　视图样式对话框

的"光顺边"效果，即从添加视图的方向打光能显示出来的边即为"光顺边"。用户可以在"视图样式"对话框中，取消选中的"光顺边"选项，这样就可不显示光顺边效果，如图 31-7 所示。

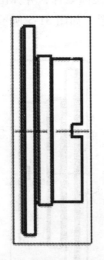

图 31-7　去除光顺边

（7）选择菜单命令【插入】→【视图】→【投影视图】或直接单击"图纸布局"工具栏中的 图标，此时投影视图将跟随鼠标，并弹出"投影视图"工具栏，选择左视图，单击图纸区域则添加投影视图为左视图，如图 31-8 所示。

（8）利用"水平"、"竖直"、"斜角"等尺寸标注工具添加尺寸标注，如图 31-9 所示，标注过程中可随时单击选中并按住鼠标左键实时拖动以调整选定标注尺寸的放置位置。也可双击某个标注尺寸，在弹出的"标注尺寸"工具栏中调整标注尺寸的样式、名义尺寸、公差等。

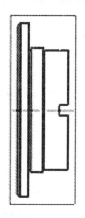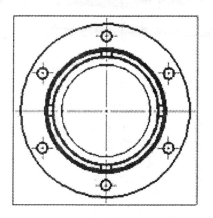

图 31-8 创建左视图

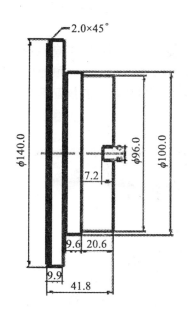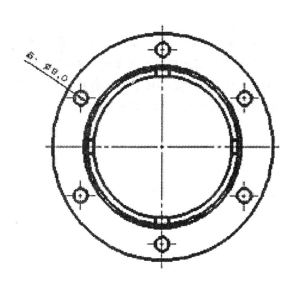

图 31-9 标注尺寸

（9）选择菜单命令【插入】→【符号】→【定制符号】或直接单击【制图注释】工具栏中的 图标，弹出"定制符号"对话框，如图 31-10 所示。

（10）选择 按钮添加表面粗糙度，弹出如图 31-11 所示的添加粗糙度符号对话框。使用默认设置比例为 1，角度为 0，粗糙度符号将鼠标跟随，只需单击图框内的设置点即可完成表面粗糙度符号的添加。如有必要可选择添加带指引线的符号标注或在添加粗糙度对话框中通过"角度"和提供的"翻转" 功能调整粗糙度符号的标注。

图 31-10　定制符号对话框

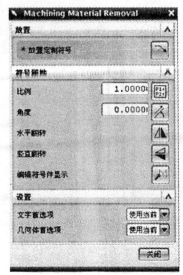

图 31-11　表面粗糙度对话框

（11）选择菜单命令【插入】→【文本】，或是直接单击"文本"工具栏中的 图 图标，弹出"文本"对话框，在文本输入框中输入 6.3，此时编辑的文本将跟随鼠标移动，在如图 31-12 所示粗糙度符号之上位置单击即可完成粗糙度的添加。若位置不符合要求，可单击添加的注释并按住左键拖动进行调整。

图 31-13　添加注释

图 31-12　添加表面粗糙度

（12）若需要添加中文字符，可通过选择"注释"命令，在弹出的"注释"工具栏和简化的"注释编辑器"对话框中，单击【注释编辑器】（图标 ），如图 31-13 所示，在弹出的"注释编辑器"对话框中按前文所述步骤添加即可。

（13）可使用鼠标拖动或选择菜单命令【编辑】→【视图】→【对齐视图】，或直接单击"图纸布局"工具栏上的 图标，调整视图位置。

（14）添加注释、进行尺寸断开等调整操作即完成该实体模型平面工程图的建立。

（15）输出平面工程图。

31.3　知识链接

31.3.1　投影视图

投影视图（Projected View）选项可以从任何父视图中创建投影视图。以父视图为中心移动光标，系统会自动判断出投影正交视图（Orthographic Views）和向视图（Auxiliary Views）。在放置视图之前，出现的虚线为辅助线。系统会自动判断：

- 使用铰链线（Hinge Line）作为参考，将视图旋转至正交方向。
- 投影的矢量方向与铰链线垂直，而视图是以矢量箭头相反的方向显示。

提示：用户可以手工定义铰链线，也可以在放置视图之前反向矢量方向。

1. 创建投影视图步骤

对于创建投影视图，在放置了基本视图后，系统会自动转到投影视图模式。如果图纸上有多个基本视图，系统会选择最后放置的基本视图作为投影视图的父视图。对于是多个视图的情况，主要基本操作步骤为：

（1）选择【插入】→【视图】→【投影视图】命令。

（2）（可选）在【投影视图】工具栏上单击【基本视图】图标，可以改变投影视图的父视图。

（3）（可选）按照需要，通过工具栏或 MB3 选项，对投影视图参数进行设定。

（4）可绕着父视图移动光标，系统自动捕捉视图投影方向。

（5）单击 MB1 放置视图。

2. 创建向视图步骤：

（1）选择【插入】→【视图】→【投影视图】命令。

（2）选择一个父视图。

（3）选择【MB3｜定义铰链线】命令。

（4）选择一条边缘。

（5）将视图拖动到合适的位置。

（6）单击 MB1 放置视图。

31.3.2　局部放大视图

利用局部放大视图（Detail View）选项可以创建由圆形、矩形或用户自定义的曲线为边界的局部放大图。局部放大视图包含已存视图的放大部分。

注意：如果一个局部放大视图从某个剖视图创建，则删除这个剖视图时，应同时删除该局部放大视图。

创建局部放大视图（如创建一个圆形边界局部放大视图），其基本操作步骤为：

（1）选择【插入】→【视图】→【局部放大视图】命令。

（2）若圆形边界选项未被选择，在【局部放大视图】工具栏上选择圆形边界图标。

（3）利用捕捉点工具栏，在父视图中选择一个点为局部放大图的中心。

（4）指定第 2 个点定义局部放大图圆形边界的半径。

（5）拖动局部放大视图到合适的位置，单击 MB1 放置。

31.3.3 剖视图

1. 普通剖视图

利用剖视图（Section View）选项可以创建以下视图。

● 全剖视图（Simple Section View）：采用全剖的方式查看部件的内部结构，使用单个剖切平面建立。

● 阶梯剖视图（Stepped Section View）：采用多个剖切段、折弯段和前头段来创建阶梯状剖切平面去建立剖视图，创建的全部折弯段和箭头段都与剖切段垂直。

（1）创建全剖视图

创建一个全剖视图的基本操作步骤为：

① 选择【插入】→【视图】→【剖视图】命令。

② 选择剖视图的父视图。

③ 如果有需要可单击 图标设置视图样式。

④ 如果有需要可单击 图标设置剖切线样式。

⑤ 利用"捕捉点"工具栏，定义剖切位置。

⑥ 确定投影方向，移动光标放置剖视图。

⑦ 单击 MB2 退出剖视图操作。

（2）创建阶梯剖视图

创建一个阶梯剖视图的基本操作步骤为：

① 选择【插入】→【视图】→【剖视图】命令。

选择剖视图的父视图。

② 如果有需要可单击 图标设置视图样式。

③ 如果有需要可单击 图标设置剖切线样式。

④ 利用"捕捉点"工具栏，定义第 1 个剖切位置。

⑤ 选择【MB3 | 添加段】命令。利用"捕捉点"工具栏，添加折弯点和切割点。

⑥ 如果需要，可重复第⑥步，添加折弯点和切割点。

⑦ 确定投影方向，移动光标放置剖视图。

⑧ 单击 MB2 退出剖视图操作。

2. 半剖视图

半剖视图（Half Section）一半表现为剖视图，一半表现为一般的视图。半剖视图类似于简单剖和阶梯剖，其中半剖视图的剖面线只包含一个箭头段、一个折弯段和一个剖切段。

创建半剖视图步骤：

（1）选择【插入】→【视图】→【半剖视图】命令。

（2）选择剖视图的父视图。

（3）如果有需要可单击 ☒ 图标设置视图样式。

（4）如果有需要可单击 ☒ 图标设置剖切线样式。

（5）利用"捕捉点"工具栏，选择放置剖切线的位置。

（6）选择另一个点放置折弯段。

（7）拖动光标到合适的位置，单击 MB1 放置半剖视图。

3. 旋转剖视图

旋转剖视图（Revolved Section）可创建绕轴旋转的剖视图。旋转剖视图可以包含一个旋转剖面，也可以包含阶梯以开成多个剖面。旋转剖视图可包括箭头段、剖切段、折弯段和旋转点，其中折弯段根据需要设置。

创建旋转剖视图步骤：

（1）选择【插入】→【视图】→【旋转剖视图】命令。

（2）选择剖视图的父视图。

（3）如果需要，可单击 ☒ 图标设置视图样式。

（4）如果需要，可单击 ☒ 图标设置剖切线样式。

（5）利用【捕捉点】工具栏，选择旋转点。

（6）为第 1 个剖切段选择一个点。

（7）为第 2 个剖切段选择一个点。

此时，旋转剖的基本选择步骤已经完成，可以选择合适的位置剖视图。后面的操作步骤是可选项，将为旋转剖视图添加一个折弯段。

（8）单击 ☒ 图标或选择【MB3｜添加段】命令。

（9）选择需要添加的线段为要添加的段。

（10）利用"捕捉点"工具栏选择一个点添加折弯段。

（11）拖动光标到合适的位置，单击 MB1 放置旋转剖视图。

4. 局部剖视图

局部剖视图（Break – out Section）通过移去部件的一个区域来表示零件在该区域内的内部结构。局部剖视图在已有的视图基础上创建，通过一封闭的曲线定义剖切的区域。因此，在创建局部剖视图之前，首先要创建与该视图相关的剖切曲线。

（1）创建视图相关的几何体

用户可以在某视图上创建与该视图相关的几何体，例如曲线。这些几何体与该视图相关，并且只在该视图中显示。

① 在一已有视图的边界选择【MB3｜展开成员视图（Expand Member View）】命令，则该视图扩展到成员视图状态。

② 在成员视图上建立几何体。对于局部剖视图，选择【插入｜曲线】命令，用样条或艺术样条作剖切曲线，如图 17-40 所示。

③ 完成曲线后，在成员视图边界选择【MB3｜展开成员视图】命令，则视图回到正常视图状态。

（2）创建局部剖视图的步骤：

① 创建用作局部剖视图相关的剖切曲线，曲线可以封闭也可以不封闭。

② 选择【插入】→【视图】→【局部剖视图】命令。

③ 选择要作局部剖且添加了剖切曲线的视图。

④ 利用【捕捉点】工具栏，选择一个点作为基点。基点是剖切曲线沿着拉伸方向扫掠的参考点。

⑤ 指出拉伸矢量。系统显示一个默认的矢量方向，用户可以接收或修改该矢量方向。

⑥ 选择曲线。曲线定义局部剖视图的边界，只有与视图相关的曲线才可选。

⑦（可选项）修改边界曲线。若第⑥步选择的曲线不封闭，在本步操作中曲线将首尾相连，可拖动边界点定义剖视图的边界。

⑧ 单击【应用】按钮完成局部剖视图的创建。

5. 展开剖视图

展开剖视图（Unfolded Section Cut）将模型沿着连续的剖切段进行剖切，并在铰链线方向展开拉直剖切段，最后作视图的投影。

选择【插入】→【视图】→【展开剖视图】命令或"图纸布局"工具栏上的图标，将弹出"展开剖视图"对话框，如图 31-14 所示。

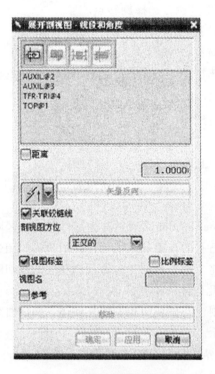

图 31-14　展开剖视图对话框

创建展开剖视图的基本操作步骤为：

（1）选择【插入】→【视图】→【展开剖视图】命令。

（2）选择一父视图图标。

（3）选择图标定义铰链线，将显示一矢量箭头，该矢量方向为铰链线和剖面线箭头所指的方向。如果方向与剖面箭头方向相反，可单击 ［矢量反向］ 按钮改变矢量方向。选择视图中的一条边缘来定义铰链线。

（4）单击【应用】按钮，弹出【剖切线创建】对话框，通过该对话框指定连接点。应用点到点的方式，依次选择旋转点，从第 1 点到第 6 点的选择使模型完全被剖切。

（5）在"剖切线创建"对话框中单击【确定】按钮。

（6）拖动光标到合适的位置，单击 MB1 放置展开剖视图，放置的展开剖视图与选择的第 1 个旋转点对齐。

项目 32　减速器轴的工程图

【项目要求】

创建减速器轴的平面工程图。减速器轴模型如图 32-1 所示，最终效果如图 32-2 所示。

图 32-1　减速器轴模型

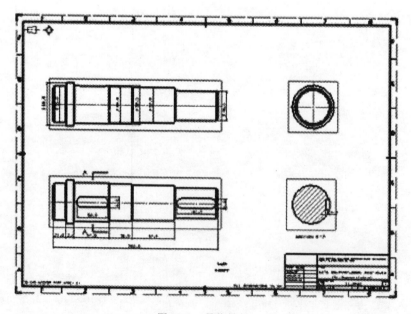

图 32-2　最终效果

【学习目标】

- 掌握常用的制图绘制工具。
- 掌握依据用户需要建立不同方位、不同比例的投影视图工具的用法。
- 掌握尺寸注释和文本注释。

【知识重点】

基本视图的创建和尺寸标注的方法。

【知识难点】

尺寸标注的方式。

32.1 设计思路

设计思路如图 32-3 所示。

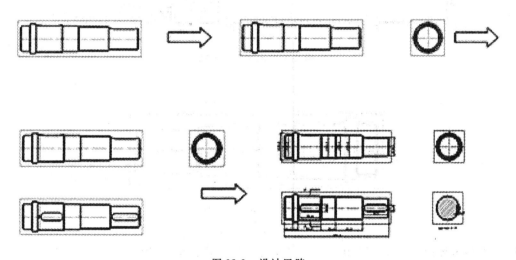

图 32-3 设计思路

32.2 操作步骤

(1) 启动 UG 程序，新建一个名称为 zhitu2. prt 的部件文件，其单位为 mm。

(2) 选择"图纸"中模板样式为"A2 - 视图"，再选择要创建图纸的部件 11. prt。

(3) 单击"确定"按钮，完成新图纸的建立，此时系统将自动进入制图界面，并且将图纸范围以虚线显示，如图 32-4 所示。

(4) 选择菜单命令【插入】→【视图】→【基本视图】或直接单击【图纸布局】工具栏中的 ⬚ 图标，此时实体模型将跟随鼠标，并弹出"基本视图"工具栏，选择主视图，单击图纸区域则添加实体模型主视图，如图 32-5 所示。

(5) 双击添加的右视图边框，弹出如图 32-6 所示的"视图样式"对话框，在"一

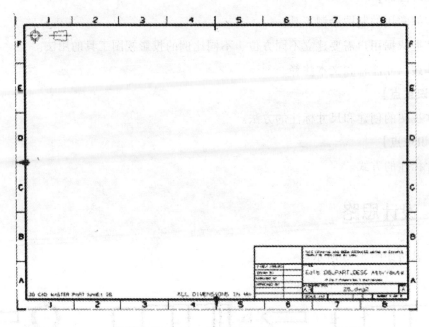

图 32-4 创建的新图纸

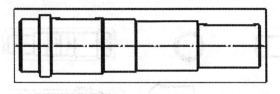

图 32-5 添加主视图

般"选项卡界面下可以设置角度,如有需要可输入比例值以调整制图比例,还可以设置隐藏线、可见线、光顺边和虚拟交线等。

(6)选择菜单命令【插入】→【视图】→【投影视图】或直接单击"图纸布局"工具栏中的 图标,此时投影视图将跟随鼠标,并弹出"投影视图"工具栏,选择左视图,单击图纸区域则添加投影视图为左视图,如图 32-7 所示。

(7)选择菜单命令【插入】→【视图】→【投影视图】或直接单击"图纸布局"工具栏中的 图标,此时投影视图将跟随鼠标,并弹出"投影视图"工具栏,选择俯视图,单击图纸区域则添加投影视图为俯视图,如图 32-8 所示。

(8)选择菜单命令【插入】→【视图】→【剖视图】或直接单击"图纸布局"工具栏中的 图标,弹出建立剖视图工具栏,可先单击工具中的【剖切线样式】图标 修改剖切线样式,然后单击添加的俯视图边框指定其为要添加剖视图的视图对象,再指定轴的键槽部位为剖切铰链线的放置点,建立剖视图,如图 32-9 所示。

(9)利用"水平"、"竖直"、"斜角"等尺寸标注工具添加尺寸标注,如图 32-10 所